アシカ　セイウチ　アザラシ

海獣(かいじゅう)図鑑

荒井一利／文
田中豊美／画

文溪堂

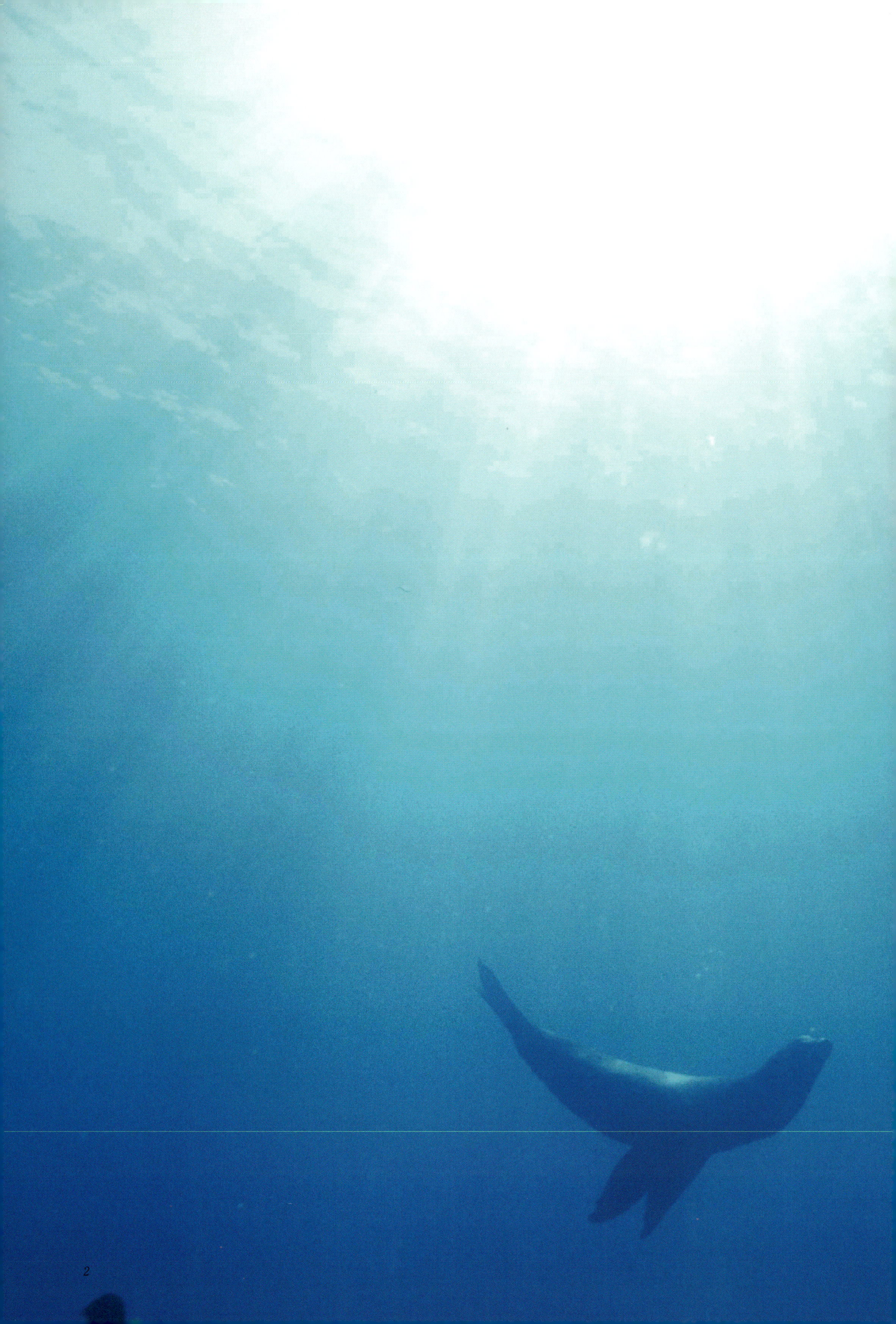

目 次

- 鰭脚類ってどんな動物？……………………6
- 水中生活に適した体………………………8
- 鰭脚類のくらし……………………………12
- 海にくらすほ乳類…………………………16
- 鰭脚類の仲間たち…………………………18
- アシカ科・16種……………………………20
  - トド／カリフォルニアアシカ
  - ニホンアシカ／ガラパゴスアシカ／オタリア
  - オーストラリアアシカ／ニュージーランドアシカ
  - キタオットセイ／グアダルーペオットセイ
  - ファンフェルナンデスオットセイ
  - ガラパゴスオットセイ／ミナミアメリカオットセイ
  - ニュージーランドオットセイ
  - アナンキョクオットセイ／ナンキョクオットセイ
  - ミナミアフリカオットセイ・オーストラリアオットセイ
- セイウチ科・1種……………………………36
  - セイウチ
- アザラシ科・18種…………………………38
  - ゼニガタアザラシ／ゴマフアザラシ
  - ワモンアザラシ／バイカルアザラシ／カスピカイアザラシ
  - タテゴトアザラシ／クラカケアザラシ
  - ハイイロアザラシ／アゴヒゲアザラシ
  - ズキンアザラシ／チチュウカイモンクアザラシ
  - ハワイモンクアザラシ／キタゾウアザラシ
  - ミナミゾウアザラシ／カニクイアザラシ／ロスアザラシ
  - ヒョウアザラシ／ウェッデルアザラシ
- 野生のアシカやアザラシにであえるところ………56
- 海獣たちにせまる危機……………………58
- 海獣たちの保護活動………………………60
- 用語解説……………………………………61
- さくいん……………………………………63

本文中の※印のついた用語は、61～62ページに解説がのっています。

カリフォルニアアシカ

ナンキョクオットセイの母親と子ども。
後方にいるのはキングペンギン。

写真提供：渡辺祐基（国立極地研究所）

ノルウェーのスピッツベルゲン島の
セイウチ（タイセイヨウセイウチ）。

鰭脚類って、どんな動物?
――鰭(ひれ)状のあしをもつ動物たち――

　この本に登場する海獣類は、4本のあしが『鰭(ひれ)』のように変化した鰭脚類(ききゃくるい・ひれあしるい)とよばれる動物たちです。

　鰭脚類はアシカの仲間とアザラシの仲間とセイウチにわかれ、さらにアシカの仲間は、アシカ類・キタオットセイ・ミナミオットセイ類にわかれます。

　約2800万年前にアメリカ西海岸で誕生した「エナリアークトス」(→19ページ)という動物が、鰭脚類の祖先と考えられています。エナリアークトスは、すでに4本のあしがひれ状になっていましたが、陸生動物の特ちょうも多くもっていました。このエナリアークトスから多くの種類が進化し、現在、アシカ類16種、セイウチ1種、アザラシ類18種がしられています。カリブカイモンクアザラシは、1952年の目げき情報を最後にその後発見されず、2007年に絶滅したとの見解が正式に発表されました。一方、日本の周辺に生息していたニホンアシカは、1975年の目げき情報を最後に確認されていず、絶滅したものと考えられていますが、ふつう、絶滅したと判断するためには、

セイウチ

50年間に目げき情報がないことが条件とされていますので、まだ、絶滅したとはいいきれません。

アザラシ類のなかで、モンクアザラシ、キタゾウアザラシ、ゼニガタアザラシは、温暖な海域にすんでいますが、ほかのアザラシ類は北極と南極のまわりの寒冷な海域にすんでいます。一方アシカ類は、キタオットセイとナンキョクオットセイはそれぞれ北半球と南半球の寒冷な海域にすんでいますが、ほかのアシカ類は温暖な海域にすんでいます。セイウチは北極周辺の寒冷な海域に生息しています。

多くの種類は、海で生活していますが、カスピカイアザラシはうすい塩分の湖、バイカルアザラシ、一部のワモンアザラシとゼニガタアザラシは、ま水の湖や河川にすんでいます。

地球には、およそ5,000万頭の鰭脚類が生存し、その90％がアザラシ類で残りの10％がアシカ類とセイウチといわれています。

アシカ（カリフォルニアアシカ）

アザラシ（ゴマフアザラシ）

アシカ・セイウチ・アザラシの見わけ方

●体のつくり●

アシカ類、セイウチ、アザラシ類の後ろあしのつけねは、ヒトの「くるぶし」にあたる。

アシカ科

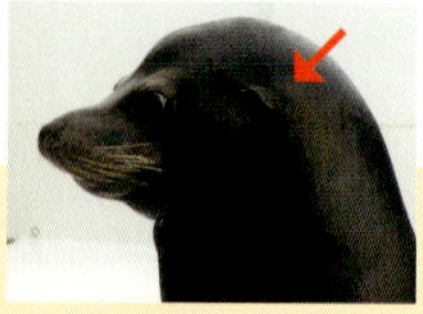

耳介（耳たぶ）がある。

●前あし
力が強く、前あしだけで体をささえることができる。表側には毛がはえているが、うら側ははえていない。5本の指のなかで親指がいちばん長く、指の先のほうに小さいつめがはえている。

●後ろあし
親指と小指は長いが、ほかの指とそれほど差はない。毛ははえていない。5本の指のうち、中央の3本のつめが長く、ほかは小さい。

前あしのつけねは、ヒトの「うで」部分にあたる。

尾

前方に曲げられる。

カリフォルニアアシカ

セイウチ科

あながあいているだけ。耳介がない。

●前あし
アシカ類より小さく、四角い形をしている。表側はまばらに毛がはえているが、うら側は毛がなく、ざらざらしている。5本の指はほぼ同じ長さで、つめは小さい。

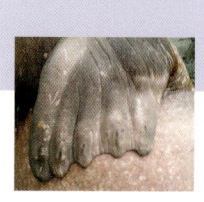

●後ろあし
親指と小指が長くて、毛ははえていない。5本の指のうち、中央の3本のつめが長く、ほかは小さい。

セイウチ

前方に曲げられる。

アザラシ科

あながあいているだけ。耳介がない。

前あしと後ろあしの形は、モンクアザラシ（2種）とキタゾウアザラシをのぞく北半球にすむアザラシ（A）と、この3種と南半球にすむアザラシ（B）のふたつのタイプにわかれる。

●前あし　表側もうら側も毛がはえている。

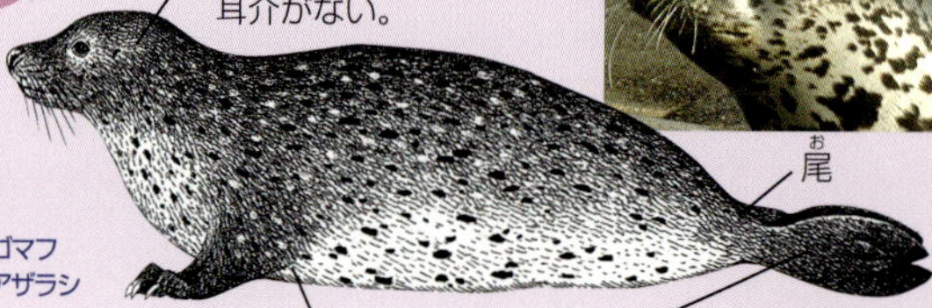

(A)ゴマフアザラシ
5本の指はほぼ同じ長さだが、親指が少し長い。

(B)キタゾウアザラシ
Aタイプより大きく、親指が長い。

ゴマフアザラシ

前あしのつけねは、ヒトの「手首」にあたる。

尾

後方にのびたままで、前方に曲げられない。

●後ろあし
親指と小指が長く、毛がはえている。

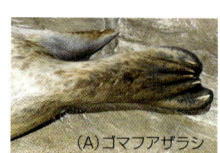

写真提供：藤田智明

(A)ゴマフアザラシ
ほかの指にくらべると、親指と小指が少し長い。

(B)キタゾウアザラシ
親指と小指がとても長い。

水中生活に適した体

　クジラ類や海牛類（ジュゴンやマナティー）のように、一生を水中でくらすほ乳類とは異なり、出産や子育ては陸上や氷の上でおこなうので、陸上のほ乳類の特ちょうを残しながら、水中生活にも適応した形をしています。水の抵抗を小さくするために、流線型の体型をし、体のでっぱりは少なくなりました。よくみると、アシカ類には小さな耳介（耳たぶ）がありますが、セイウチとアザラシ類には耳介がなく、あなだけがあいています。尾は小さく、セイウチではほとんどなくなり、おっぱいはひふの下にかくれています。

　水中では、体温がどんどん失われるので、体温を維持するくふうが必要です。体全体からにげる熱を少なくするためには、体の表面積を小さくしたほうが効果があり、これには、でっぱりの少ない流線型の体型がやくだちます。また、体が大きいと体重あたりの表面積が小さくなるので、陸上のほ乳類とくらべると大きな体型をしています。

●歩き方●　　　　　　　　●泳ぎ方●

4本のあしで体をささえて歩く。

左右の前あしを同時に大きく開き、水をかいて泳ぐ。

4本のあしで体をささえて歩く。

おもに、後ろあしを左右交互にふって泳ぐ。
（上の写真は、あおむけに泳いでいるところ）

写真提供：藤田智明

背中をまるめ、後ろあしをひきずって、イモムシのようにはって移動する。前あしを開き、後方に動かして移動するときもあり、岩や氷などの上にもきように登ることができる。

後ろあしを左右交互にふって泳ぐ。
（ヒョウアザラシとカニクイアザラシは、前あしと後ろあし両方をつかって泳ぐ）

アザラシとアシカのちがいは、歩き方や泳ぎ方のほかにもいろいろな点にあらわれている。体をかくときにもちがいがある。アシカは体をかくとき、後ろあしにある3本のつめをつかう。アザラシはねころがったまま、前あしにある5本のつめをつかってかく。

上体をおこし、後ろあしをあげて顔をかいているカリフォルニアアシカ。

写真提供：藤田智明

ねころがったまま、前あしをつかって顔をかいているゴマフアザラシ。

写真提供：Frank Todd

●毛● 体表にはえている毛は、体温を維持するためにやくだつ。毛には、長くて太い「上毛」と短くて綿のようにやわらかい「下毛」があり、ひとつの毛あなから上毛1本と数本の下毛が、たばになってはえている。この下毛に体表から出る油分がついて水をはじくので、水がちょくせつひふにふれず、体温がさがるのを防ぐ。セイウチとモンクアザラシ、ゾウアザラシには下毛はないが、オットセイ類では、上毛1本に対し下毛が数十本はえていて、下毛の断熱効果を高めている。下毛の少ないアシカ類やアザラシ類、セイウチは、そのかわりに厚い皮下脂肪をもち、熱がうばわれるのを防いでいる。

アザラシ類の後ろあしとアシカ類・セイウチの前あし、後ろあしには、毛が少なく、皮下脂肪もうすいので、暑いときはあしをひろげてあしの血管から熱を外に放出し、また、寒いときは、あしをとじて血管から熱がにげないようにする。

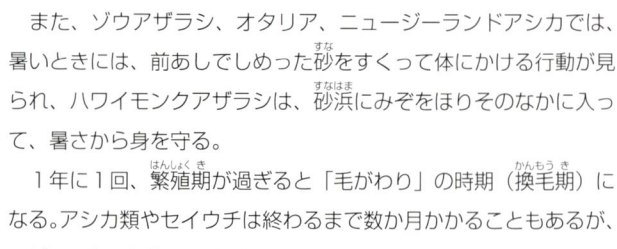

水族館でねている個体をよく観察すると、暑いときに、ときどき後ろあしを開いたり、前あしをあげたりして熱を放出し、寒いときに、後ろあしをとじじっとしていたり、前あしのうら側を体につけて熱をにがさないようにして、体温を調節しているのがわかる。

また、ゾウアザラシ、オタリア、ニュージーランドアシカでは、暑いときには、前あしでしめった砂をすくって体にかける行動が見られ、ハワイモンクアザラシは、砂浜にみぞをほりそのなかに入って、暑さから身を守る。

1年に1回、繁殖期が過ぎると「毛がわり」の時期（換毛期）になる。アシカ類やセイウチは終わるまで数か月かかることもあるが、アザラシ類は短期間に集中して毛がかわる。古い毛が抜けるとその下から新しい毛があらわれる。ゾウアザラシやハワイモンクアザラシの古い毛は皮がむけるようにひふごと脱落する。

写真提供：佐野淳之（鳥取大学）

砂をかけて体を冷やすキタゾウアザラシ。

前あしを水面から出して熱を放散する、カリフォルニアアシカ。

●目● 陸上でも水中でもよく見えるが、夜間や水中などの暗いところのほうがよりよく見えるしくみになっている。

アシカ類とアザラシ類の目はとても大きく、顔の正面についているが、セイウチの目は小さく頭の側面についている。そのためふつうは両方の目で物をとらえるが、片ほうの目で物を見ることもある。

色を識別することができる。種類によっては、青や緑はわかるが、赤を識別できないのではないかといわれている。

目を守るために、涙がつねにでて、目の表面をうるおす。ヒトは、涙がでると管を通って鼻にいき、鼻水としてでることがあるが、鰭脚類には、目と鼻をつなぐ管がないので、陸上にいるときに涙がでて、まるで泣いているように見えることがある。

カリフォルニアアシカ 　　セイウチ 　　ゴマフアザラシ

●鼻● 鰭脚類をふくめ、水中生活をする動物たちのほとんどは、鼻のあなを自由に開閉できる。水族館などで観察すると、鼻の開閉がよくわかる。鼻をとじて、昼寝ちゅうのアザラシやアシカをしばらく見ていると、きゅうにぱっと鼻を開く。このときが息をしているときだ。開いている時間はとても短く、とじている時間が長い。

水面に顔を出して、息をするときは、鼻のあなを開く。

カスピカイアザラシ

泳いでいるときは、鼻のあなをぴったりとじる。

鼻づらをあわせて、においでわが子を確認するカリフォルニアアシカ。

写真提供：渡辺祐基（国立極地研究所）

体をよせあって休むミナミゾウアザラシ。

聴覚・臭覚 聴覚もよく発達していて、えさを見つけたり、外敵から身を守ったり、母親が集団のなかから自分の子どもを鳴き声でさがしたりするのにやくだっている。アシカ類は、よく鳴き声を出し、繁殖期のオスはとくによく鳴く。ふだんは静かなアザラシ類も、繁殖期になると、オスは特有の鳴き声を出す。セイウチのオスも繁殖期は、きみょうな音を出し、これらの音は、メスをひきつけたり、ライバルのオスを遠ざけたりするのにやくだっている。

集団のなかから子どもをさがしだすときには、においも重要で、自分の子どもの最終的な確認はにおいをかいでおこなう。子どもが生まれて母親が最初におこなうことは、鼻と鼻をあわせてにおいをかぐことだ。また、繁殖期には、オスはにおいをかいでメスを選びだし、ワモンアザラシやバイカルアザラシのオスは、繁殖期特有のにおいを発する。

触覚 触覚もよく発達している。口のまわりにあるひげは触毛で、えさをさがしたり、水流を感じるのにやくだつ。

水族館ではえさをさがす必要がないので、野生の個体とくらべると飼育下の個体はひげが長いのが特ちょうだ。反対に病気で目が見えなくなったりすると、ひげを使ってプールのかべや陸地を確認するので、ひげが短くすりへる。

ひふの触覚もよく発達していて、アシカ類とセイウチ、タテゴトアザラシ、ゾウアザラシなどは、陸上で休んでいるときには、互いに体を接触させている。そのほかのアザラシ類の多くは、反対に接触をきらい、どんなに過密な集団でも、すきまをあけてねている。

潜水能力 ほとんどのアシカ類は、水深150〜200mの海域で短い潜水をくりかえし、セイウチもさほど深くはもぐれない。鰭脚類のなかでは、アザラシ類がもっとも潜水能力がすぐれている。ウェッデルアザラシが82分間潜水し、水深740m、ズキンアザラシが60分、1000m、キタゾウアザラシが77分、1580m、ミナミゾウアザラシが120分、1430mまでもぐった記録が残されている。

長時間潜水できるのは、いくつかの理由がある。潜水をする前には、鼻のあなや耳のあなはとじられ、水が体内に入らないようにしている。潜水ちゅうは水圧のためにさらにかたくとじられる。長い間もぐるためには、血液ちゅうの酸素の量が多くなければならず、酸素量はヒトの3倍もある。かぎられた酸素を有効に使うために、血液の大部分は脳や心臓などの重要な部分へ流れ、ほかの器官へいく血液の量をおさえている。心臓の動きも少なくし、体温も低くなり、できるだけ酸素を使わないようなしくみになっている。空気で満たされた肺などの器官は、水圧でつぶされてしまうので、潜水する前に息をはき、つぶれないようにしている。

また、人間がスキューバーダイビングちゅうにかかる「潜水病」は、空気ちゅうの「チッソ」という気体が、血液のなかに入り血管をふさぎ、ひどい場合は死にいたる病気だが、潜水前に息をはき、とちゅうでも息をすわないので、血液ちゅうにチッソはなくこの病気にかかることはない。

写真提供：佐野淳之（鳥取大学）

カリフォルニアアシカ

鰭脚類のくらし

　鰭脚類は肉食で、えさの種類は、動物プランクトン、ナンキョクオキアミ、魚類、イカ、タコ、貝類、エビ・カニ類、鳥類、海獣類などさまざまです。一般的に魚類とイカ、タコがえさの中心ですが、タテゴトアザラシ、ワモンアザラシ、アゴヒゲアザラシの主要なえさはエビ類で、ナンキョクオットセイ、カニクイアザラシの主要なえさは、ナンキョクオキアミです。セイウチは、海底の泥のなかにすむ、二枚貝などを主食としています。オットセイ類とニュージーランドアシカ、オーストラリアアシカ、オタリア、ヒョウアザラシは、ペンギンなどの海鳥を捕食します。ヒョウアザラシの主要なえさはナンキョクオキアミですが、その食性は広く、魚類、イカ、エビ、ペンギン、鰭脚類なども捕食します。生息海域によっては、ペンギンや鰭脚類を多く食べることもあり、胃から16羽のアデリーペンギンが出てきたこともあります。ミナミオットセイ類、カニクイアザラシ、ウェッデルアザラシ、ミナミゾウアザラシなどの鰭脚類も捕食し、なかでも、カニクイアザラシの子どもは、ヒョウアザラシの重要なえさになっています。ニュージーランドアシカ、オタリア、トド、セイウチも、ほかの鰭脚類を捕食することがしられています。

　サメ類やシャチ、ホッキョクグマなども鰭脚類を捕食します。なかでも映画の「ジョーズ」で有名になった、世界でもっともどうもうなサメであるホホジロザメは、多くの鰭脚類を捕食します。カリフォルニア沿岸では、とくにキタゾウアザラシとゼニガタアザラシがこのサメにおそわれることが多く、体長5mほどの個体の胃から、

魚をつかまえたトド。鰭脚類は肉食で、えさは魚類・頭足類（イカ・タコ）が中心である。ほとんどはかまずにまるのみするが、一度でのみきれないサイズのものは、水面でふりまわし、ちぎってからのみこむ。このときに、両方の前あしを手のように使い、えさをはさんで食いちぎることもある。

鰭脚類の歯は、基本的には、小さな切歯（前歯）、大きな犬歯（きば）、犬歯の後ろに位置する後犬歯（頬歯）からなる。頬歯は小さく同じ形をしている。いずれの歯も先たんがとがり、えさをうまくつかまえるのにつごうのよい形をしている。写真はトド。

南極海、氷のわれめから顔をのぞかせ、あたりをうかがうヒョウアザラシ。ヒョウアザラシは、魚類、ナンキョクオキアミ、イカのほか、ペンギンやほかの鰭脚類の幼獣も捕食する。後方にいるのは、アデリーペンギン。

体長3m、体重500kgのオスのキタゾウアザラシが出てきたことがあります。ハワイでは、ハワイモンクアザラシがイタチザメなどのサメにおそわれることが多く、サメにおそわれきずを負った個体を海岸で見かけることがあります。シャチも多くの鰭脚類にとって重要な捕食者です。体長6mほどの個体の胃から、14頭のアザラシと13頭のイルカが出てきたことがあります。アルゼンチンの海岸では、1時間で20頭以上のオタリアの子どもがシャチの一群に捕食された記録があります。アゴヒゲアザラシ、ズキンアザラシ、クラカケアザラシ、ワモンアザラシなどの氷の上でくらすアザラシは、ホッキョクグマにおそわれることがあります。セイウチの子どもも、たびたびホッキョクグマにねらわれます。

鰭脚類の繁殖場所は、陸上と氷上にわかれます。35種の鰭脚類のうち21種（アシカ類全種・ゾウアザラシ・モンクアザラシ・ゼニガタアザラシ）が陸上、13種（アザラシ類とセイウチ）が氷上で繁殖し、ハイイロアザラシは生息地によって、陸上と氷上の両方で繁殖をします。

北半球でも南半球でも、ほとんどの種類は春から夏にかけて、年1回、出産期をむかえます。温帯のおだやかな気候の地域や安定した定着氷の上で出産する種類の出産期は比較的長く（およそ1～3か月）、不安定な流氷域で出産する種類は短い（1か月以内）傾向があります。キタゾウアザラシとハイイロアザラシの出産期はほかの種と異なり、キタゾウアザラシは冬（12～3月上旬）、ハイイロアザラシは生息地によってさまざまで、秋、冬、春の3タイプがあります。

生まれる子どもの数は、ふつう1頭です。まれにふた

シャチがオタリアをねらって海岸に近づく。

アルゼンチンのバルデス半島にあるプンタノルテは、オタリアやミナミゾウアザラシの繁殖場で、海岸にいる幼獣をシャチが捕食する場所として有名である。シャチは波にのって砂浜に身をのりあげ、幼獣をくわえたり、胸びれや尾びれで海に落としたりしながら捕食する。ときには、子どもに捕食の方法を教えていると考えられるシーンも確認されている。

オタリアをとらえたシャチ。

ごが生まれることもありますが、2頭とも育つことは少ないと考えられています。父親は子育てには参加せず、母親は母乳で子どもを育て、捕食者から守ります。

一般的にアザラシ類の授乳期間は短く（4日〜2.5か月）、母親はこの間、まったくえさを食べないか、海へえさを食べに出かけても長期間いなくなることはありません。ミルクの濃度は、脂肪40〜50％、タンパク質5〜13％（牛乳やヒトのミルクの濃度は、脂肪2〜4％、タンパク質1〜3％）もあります。授乳期間ちゅう、脂肪濃度はしだいに増加すると考えられ、子どもはこの間えさを食べることはありません。子どものサイズは大きく、成長ははやく、離乳はとつぜんおこります。

アシカ類の授乳期間は長く（4か月〜3年）、母親はこの間、子どもを残して海へえさを食べに出かけます。ミルクの脂肪濃度はアザラシ類ほど高くなく（20〜35％）、またその濃度は、授乳期のあいだほぼ一定で、子どもはミルクをのみながらえさも食べはじめます。子どものサイズは小さく、成長はおそく、しだいに離乳して（キタオットセイとナンキョクオットセイをのぞく）いきます。

セイウチの授乳期間は長く（2〜3年）、母親はこの間に海へえさを食べに出かけますが、子どももいっしょにつれていき、水中で授乳をします。子どもはミルクをのみながらえさも食べはじめ、しだいに離乳していきます。

生まれたばかりの子どもは、ズキンアザラシをのぞき皮下脂肪がなく、やわらかく保温性の高い毛（新生児毛）におおわれています。新生児毛は、生後数週間から数か月でぬけかわります。北半球の氷上で生まれる中・小型のアザラシ類（ゴマフアザラシ・ワモンアザラシ・カスピカイアザラシ・バイカルアザラシ・クラカケアザラシ・タテゴトアザラシ）の新生児毛は白色で、保温ばかりで

カリフォルニアアシカの子ども。5〜7月に陸上で出産し、授乳は10か月ほど続き、しだいに離乳する。

セイウチの子ども。母親は子どもをつれてえさをとりに海へ出るため、子どもは生まれてすぐに泳ぐことができ、水中でおっぱいをのむこともできる。
（下の写真は、水族館での水中授乳シーン）

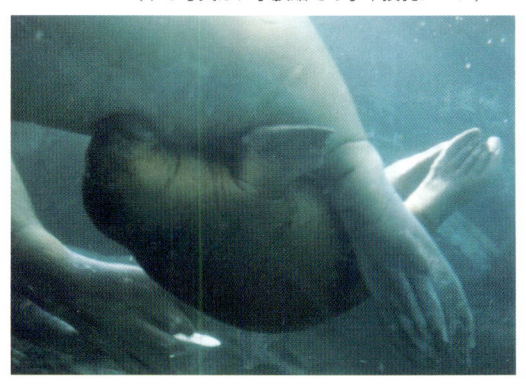

タテゴトアザラシの子ども。2月下旬〜3月上旬に氷上で出産し、授乳期間は、約12日間。

●鰭脚類のおっぱいの数●

おっぱい（乳頭）の数は、アシカ類とセイウチは四つでアザラシ類はふたつだが、モンクアザラシとアゴヒゲアザラシは四つある。

なく、保護色になっていると考えられています。

　陸上で繁殖する種類のうち、アシカ類全種とゾウアザラシは、1頭のオスが多数のメスに自分の子を産ませます。たくさんのメスが繁殖場に集まり、『ハーレム』とよばれる大きな繁殖集団ができます。オスはほかのオスをよせつけず、自分のなわばりを守るために、ときどきあらそいになります。オスは、メスよりもかなり大きくなり、ゾウアザラシでは鼻が大きくなったり、カリフォルニアアシカではおでこが出るなど、オスの特ちょうが発達します。ハーレムを守るためにいくつかの種類では、オスは数か月間えさも食べずに繁殖場に残ります。

　陸上で繁殖するゼニガタアザラシ、ハワイモンクアザラシ、チチュウカイモンクアザラシの3種は、1頭のオスが数頭のメスに子どもを産ませますが、体の大きさに大きな差はありません。陸上と氷上の両方で繁殖するハイイロアザラシは、オスはメスよりも大きくなり、1頭のオスが数頭のメスに子を産ませるタイプですが、氷上で繁殖する群れでは、メスの数が少なくなる傾向があります。

　氷上で繁殖するアザラシ類のうちウェッデルアザラシとセイウチは、1頭のオスが多数のメスに自分の子どもを産ませます。ウェッデルアザラシのオスとメスの大きさに大きな差はありませんが、セイウチはオスのほうが大きくなり、きばも発達します。そのほかのアザラシ類は、1頭のオスと1頭のメスがペアで子どもをつくるか、1頭のオスが数頭のメスに自分の子を産ませるタイプで、体の大きさもオスとメスでは大きな差はありません。

　繁殖期が終わると毛がわりの期間となり、その後は繁殖場周辺に残る種類と、遠方でえさをとるために、長い回遊に出かける種類があります。

キタオットセイのハーレム（矢印がオス）。オスの成獣はメスの成獣の、体長は1.3〜1.4倍、体重は4.5倍以上ある。
1頭のオスのハーレム（なわばり）に入るメスの数は、20〜40頭、最大100頭といわれている。

海にくらすほ乳類

海や川などの環境で生活するほ乳類を、海生ほ乳類、もしくは水生ほ乳類といいます。このよびかたは、一般的なもので、生物学や分類学上の正式なよび名ではありません。

海生ほ乳類には、いくつかの仲間がいて、わたしたちにとってもっともなじみぶかいのが、鯨類(クジラ類とイルカ類)と鰭脚類です。鯨類は一生を水中でく

○ラッコ・ミナミウミカワウソ
ラッコ、ミナミウミカワウソは、イタチ・カワウソの仲間。ラッコは、北海道沿岸から千島列島、アラスカ、カリフォルニアにかけての北太平洋沿岸に生息する、体長1.3mほどの小型の動物。ミナミウミカワウソは、カワウソの1種で、南アメリカの太平洋沿岸にすむ、体長1mほどの小型の動物。

ラッコ

アシカ(カリフォルニアアシカ)

マナティー

○海牛類
ゾウと共通の祖先から進化し、あしは退化してなくなり、尾びれができ、前あしは胸びれに変化した。熱帯・亜熱帯の海域にすむジュゴン(体長3m)と3種類のマナティー(体長3〜4m)にわかれる。マナティーは、河川や沿岸の浅い海に生息している。草食性で海や川にはえる海草が主食。

ジュゴン

らします。海牛類（ジュゴンとマナティー類）も水中生活によく適応し、一生を水中でくらします。このほかに、一般的に海生ほ乳類のグループに入ると考えられるのが、クマの仲間であるホッキョクグマと、イタチやカワウソの仲間であるラッコとミナミウミカワウソです。

ホッキョクグマ

○**ホッキョクグマ**
クマの仲間で、オスは体長 2.5m、体重 800kg になる。北極周辺にすんでいて、氷上を移動し、アザラシ類やセイウチ、シロイルカなどを捕食する。

イルカ（バンドウイルカ）　　アザラシ（タテゴトアザラシ）

○**鯨類**
祖先は 4 本のあしをもつ陸上動物で、あしは退化してなくなり、かわりに尾びれができた。前あしは胸びれに変化し、多くの種類で背びれがあり、呼吸するための鼻は頭の上に移動した。口のなかにクジラヒゲとよばれる器官をもつヒゲクジラと、歯をもつハクジラにわかれる。ヒゲクジラ類は、地球最大の動物であるシロナガスクジラ（体長 31m）などの大型のクジラ類 14 種がいる。ハクジラ類は、最大のマッコウクジラ（体長 16m）から最小のイロワケイルカ（体長 1.2m）まで、多様性に富んだ 71 種がいる。ハクジラ類のうち体長が 4〜5m 以下のものを「イルカ」とよぶ。

クジラ（ザトウクジラ）

鰭脚類の仲間たち

20ページから登場する鰭脚類全種（35種）を、同率縮小でのせてあります。

最大種はミナミゾウアザラシ（オス）で体長4.7 m、体重3,700 kgにもなります。アシカ科の最小種はガラパゴスオットセイ（メス）で、正確なデータはありませんが、およそ体長1.1 m、体重30kgです。アザラシ科ではワモンアザラシが最小で、体長1.1m、体重50kgです。

セイウチ科

セイウチ

アシカ科・16種

トド　アシカ科のなかで最大。

カリフォルニアアシカ

ニホンアシカ

ガラパゴスアシカ

オタリア

オーストラリアアシカ

ニュージーランドアシカ

キタオットセイ

グアダルーペオットセイ

ファンフェルナンデスオットセイ

ガラパゴスオットセイ
アシカ科のなかで最小。

ミナミアメリカオットセイ

ニュージーランドオットセイ

アナンキョクオットセイ

ナンキョクオットセイ

ミナミアフリカオットセイ
オーストラリアオットセイ

じっさいの大きさを想像できるよう、身長170cmのおとなと、130cmの子どもをものさしにしました。

●鰭脚類の祖先・エナリアークトス●

鰭脚類は、イヌ・ネコ・クマ・イタチなどの食肉類の一グループで、アシカ・セイウチ・アザラシの3科からなり、共通の祖先は、すでに絶滅してしまったエナリアークトス（*Enaliarctos*）という動物であったと考えられている。エナリアークトスは、2600〜2800万年前のアメリカ西海岸の地層から発見され、4本のあしは鰭（ひれ）のようになり、大きな目や短い鼻先、鼻のあなの大きさなど、水中生活に適応した鰭脚類全体に共通してみられる特ちょうをもっている。しかし、脊椎や骨盤の形は陸上生活に強く依存していたことを示し、歯の形や耳の構造も陸上の食肉類の特ちょうをもっている。

エナリアークトスの復元図（米国古脊椎動物学会提供）
©Copyright 2010 The Society of Vertebrate Paleontology. Reprinted and disturbuted with permission of the Society of Vertebrate Paleontology.

アザラシ科・18種

- ゼニガタアザラシ
- ゴマフアザラシ
- ワモンアザラシ　アザラシ科のなかで最小。
- バイカルアザラシ
- カスピカイアザラシ
- タテゴトアザラシ
- クラカケアザラシ
- ハイイロアザラシ
- アゴヒゲアザラシ
- ズキンアザラシ
- チチュウカイモンクアザラシ
- ハワイモンクアザラシ
- キタゾウアザラシ
- ミナミゾウアザラシ　鰭脚類のなかで最大。
- カニクイアザラシ
- ロスアザラシ
- ヒョウアザラシ
- ウェッデルアザラシ

トド

アシカ類では最大。オスの成獣は、後頭部から首、肩、胸にかけて、がっしりとしています。千島列島からアリューシャン列島、カリフォルニアにかけて繁殖場があり、集団で繁殖し、子どもは5～7月に生まれます。母親は出産7～10日後えさをとりに海へ出て、18～25時間後にもどります。出産後約2週間で交尾をします。授乳はつぎの出産まで続きますが、翌年の出産後も前年生まれの子どもに授乳をしていることもあります。

1960年から1989年にかけて、アラスカ湾やアリューシャン列島などの個体数が60％以上減少し、現在の個体数は約100,000頭と推定されています。海洋環境、気候変動によるえさの減少や病気や乱獲、捕食者であるシャチなどの生態系の変化が原因と考えられています。日本では11～5月にロシアより来遊し、北海道沿岸にいます。この間、1961年から現在まで害獣として駆除がおこなわれています。

繁殖場のハーレム。矢印がハーレムブルとよばれる大きなオス。

岩場で休むオス成獣（前）。

アシカ科・16種

分布域

トド
英名：Steller Sea Lion　学名：*Eumetopias jubatus*

●大きさ
オス：体長 2.8～3.3m　体重 600～1,100kg　（オスはメスより大きい）
メス：体長 2.3～2.9m　体重 260～350kg
新生児：体長 100cm　体重 16～23kg

●分布：韓国～日本海～北海道沿岸～オホーツク海～千島列島～カムチャッカ半島～アリューシャン列島～アラスカ～北アメリカ太平洋沿岸～カリフォルニア中部
●繁殖地：千島列島～カムチャッカ半島～アリューシャン列島～アラスカ～北アメリカ太平洋沿岸～カリフォルニア中部の島々

カリフォルニアアシカ

近縁種3種（カリフォルニアアシカ・ニホンアシカ・ガラパゴスアシカ）は、以前は地理的にかくりされた亜種と考えられていましたが、現在は、形態や生態が異なることからそれぞれ独立した種として分類されています。

オスの成獣は、おでこが発達し、こぶのようにもりあがるのがこの3種の特ちょうです。北アメリカのカリフォルニアからバハカリフォルニア半島にかけて繁殖場があります。集団で繁殖し、子どもは5～7月に生まれます。母親は出産1週間後にえさをとりに海へ出て、2～3日後にもどります。出産後27日ほどで交尾をします。授乳は10か月ほど続きますが、翌年の出産後も前年生まれの子どもに授乳をしていることもあります。繁殖期が終わるとオスの成獣と亜成獣は北方へ回遊し、少数はアラスカ湾まで達します。

19世紀から20世紀初頭にかけておこなわれた商業捕獲のために個体数が1,500頭ほどに減少しました。20世紀中ごろより保護がはじまり、現在の個体数は211,000～241,000頭と推定されています。

アシカ科・16種

写真提供：Frank Todd

オスの成獣と幼獣。オスはおでこが発達し、こぶのようにもりあがる。

カリフォルニアアシカ
英名：California Sea Lion
学名：*Zalophus californianus*

●大きさ
オス：体長2.4m　体重350kg　　（オスはメスより大きい）
メス：体長1.8m　体重100kg
新生児：体長80cm　体重6～9kg

●分布：北アメリカ太平洋沿岸のバンクーバー島～バハカリフォルニア半島～メキシコのトレスマリアス諸島
●繁殖地：サンミゲル島　サンニコラス島　サンタバーバラ島　サンクレメンテ島など

分布域

ニホンアシカ

かつてはカムチャッカ半島南たん（北限）から九州の宮崎市（南限）にかけて広く分布していましたが、1975年の目げき情報を最後に確認例がなく、絶滅した可能性が高いと考えられています。しかし、絶滅の判断基準は、過去50年前後の生息情報の有無なので、現段階で絶滅と判断するのははやいと思われます。

近縁種3種のなかで最大。オスはおでこが発達しこぶのようにもりあがります。日本海の竹島や伊豆諸島の式根島など9か所で4〜7月に集団で繁殖していました。竹島では、1904年より本格的なアシカ猟が太平洋戦争前までおこなわれており、動物園や水族館、サーカス団などに売られていましたが、戦後からのようすは不明です。すくなくとも1942年以降、日本の動物園や水族館へ売られた記録はなく、1957年には竹島からニホンアシカが消滅したともいわれています。20世紀初めの個体数は30,000〜50,000頭と推定されています。

写真提供：隠岐郷土館
昔のアシカ猟のようす。

写真提供：大阪市天王寺動植物公園事務所
メス成獣のはくせい。ニホンオオカミやオキナワオオコウモリなどにつぐ、日本のほ乳類の絶滅種となってしまうのか……。

1694年〜1975年までの分布域

ニホンアシカ
英名：Japanese Sea Lion
学名：*Zalophus japonicus*

●大きさ
オス：体長 2.3〜2.5m　体重 470〜510kg　　　（オスはメスより大きい）
メス：体長 1.8m(推定)　体重 120kg(推定)
新生児：体長 65cm(推定)　体重 9kg(推定)

●分布：韓国のウルルン島〜日本沿岸〜千島列島〜サハリン島南部〜アリューシャン列島南部
●繁殖地：ウルルン島　竹島　式根島など

ガラパゴスアシカ

近縁種3種のなかではもっとも小さく、オスとメスの大きさの差はカリフォルニアアシカほどではありません。集団で繁殖します。繁殖期は長く、子どもは5～1月に生まれます。母親は出産6～7日後に、えさをとりに海へ出て、平均12時間後にもどります。夜間に授乳をして、翌朝ふたたび海に出ます。繁殖期が終わっても回遊には出ずに繁殖場周辺に残ります。繁殖期が長く、回遊しないため、子の離乳がおそくなる傾向があり、新生児といっしょに前年生まれの子どもに授乳をしていることがあります。

エルニーニョ現象による海洋環境の変化にともなうえさ不足の影響を受けやすく、1982～1983年では、生まれた子どもの80～95%が1年以内に死亡し、1997～1998年では、90%が死亡したといわれています。現在の個体数は、20,000～50,000頭と推定されています。

アシカ科・16種

母親と子ども。ガラパゴス諸島の砂浜や岩場で繁殖し、1年じゅう繁殖場周辺に生息する。

ガラパゴスアシカ
英名：Galapagos Sea Lion
学名：*Zalophus wollebaeki*

●大きさ
オス：体重 250kg　（オスはメスより大きい）
メス：体重 80kg
新生児：体重 6kg　※本種のデータはほとんどなく、左に記した体重の数値は推定。

●分布：エクアドルのガラパゴス諸島　ラプラタ島
●繁殖地：ガラパゴス諸島

オタリア

　オス、メスともに鼻先がつぶれたような形をしています。オスの成獣は、頭部、あご、首、肩、胸が太くがっしりとし、長いかたい毛におおわれています。集団で繁殖をし、子どもは12月中旬～2月上旬に生まれます。母親は出産6日後に交尾をし、その後えさをとりに海へ出て、1～4日後にもどります。授乳は8～10か月ほど続きます。繁殖期が終わった後は、分布域内で分散します。回遊はせず、繁殖場に残る個体が多くいます。繁殖場からはなれた場所でオスの亜成獣が集団をつくることがしられています。アルゼンチンのバルデス半島は、シャチが海岸にのりあげて波打ちぎわにいる幼獣を捕食する（→13ページ）ことで有名です。オスの成獣は、ミナミアメリカオットセイやミナミゾウアザラシの幼獣やペンギンを捕食します。

　16世紀に始まった商業捕獲のために個体数が激減しましたが、その後回復し、現在の個体数は200,000～300,000頭と推定されています。

母親と子ども。南アメリカのペルーからブラジルにかけての沿岸とフォークランド諸島で繁殖し、回遊はせず定住性と考えられている。

オタリア
英名：South American Sea Lion
学名：*Otaria flavescens*

●大きさ
オス：体長 2.6m　体重 300～350kg　　（オスはメスより大きい）
メス：体長 2m　体重 150kg
新生児：体長 80～90cm　体重 10～15kg

●分布：南アメリカ太平洋沿岸のペルー北部～ホーン岬～大西洋沿岸のブラジル南部　フォークランド諸島
●繁殖地：ペルー、チリ、アルゼンチンの本土および島々　フォークランド諸島

分布域

オーストラリアアシカ

　鰭脚類のなかでもっとも数が少ない種類のひとつです。幼獣は、メスの成獣と同じ体色をしていますが、オスは年れいとともに体色が変化します。アシカ類の出産間かくはふつう1年ですが、本種は17～18か月で、1年じゅう出産がみられます。母親は、出産7～10日後に交尾をし、その後えさをとりに海へ出て、平均2日後にもどります。授乳は15～18か月続きます。ふつう、つぎの子が生まれる1か月前に離乳をしますが、なかには2年間子のめんどうをみるケースもあり、新生児と前回生まれた子をつれている母親もいます。回遊はせず、出生地の周辺で一生をすごすと考えられています。

　17世紀から18世紀にかけておこなわれた商業捕獲のために個体数が減少し、バス海峡とタスマニア周辺からはいなくなりました。現在、オーストラリア政府に保護されていますが、以前の個体数まではまだ回復せず、9,900～12,500頭と推定されています。

アシカ科・16種

子ども。出生時はオス、メスともに全身褐色だが、生後2～3か月で換毛がはじまり、メス成獣に似た体色になる。

オーストラリアアシカ
英名：Australian Sea Lion
学名：*Neophoca cinerea*

●大きさ
オス：体長2.5m　体重200～300kg　（オスはメスより大きい）
メス：体長1.3～1.8m　体重60～100kg
新生児：体長60～70cm　体重6～8kg

●分布：オーストラリア沿岸の南オーストラリア州のカンガルー島～西オーストラリア州のフートマンアブロラス
●繁殖地：オーストラリア本土およびカンガルー島など

ニュージーランドアシカ

　鰭脚類のなかで、もっとも数の少ない種類のひとつです。オスの成獣は、頭部がすんづまりの形をしていて、鼻先は短く、首、肩、胸が太くがっしりとしています。集団で繁殖をし、子どもは12月上旬～1月中旬に生まれます。母親は出産7～10日後に交尾をし、その後すぐにえさをとりに海へ出て、平均1.7日後にもどります。授乳は10か月ほど続きます。ほかの鰭脚類とは異なり最初の数週間、ほかの個体の子どもにも授乳することがあります。繁殖期終了後、回遊はしませんが、広く分散します。アシカ類ではもっとも潜水能力が高く、水深500m以上、11.3分間潜水した記録があります。

　19世紀の中ごろから20世紀中ごろまで続いた商業捕獲のために、オークランド諸島の個体数がかなり減少しました。現在の個体数は約12,500頭と考えられており、ニュージーランド政府は生息地周辺の漁業を制限し、網にからまって死亡するのを防ぐなどの保護政策を進めています。

ほとんどの繁殖場は、ニュージーランドのオークランド諸島にある。

ニュージーランドアシカ
英名：New Zealand Sea Lion
学名：*Phocarctos hookeri*

●大きさ
オス：体長2.3～2.7m　体重320～450kg　（オスはメスより大きい）
メス：体長1.8～2m　体重90～170kg
新生児：体長70～100cm　体重7～8kg

●分布：ニュージーランド南島の南東部沿岸～ニュージーランド南部の亜南極圏の島々（キャンベル島　オークランド諸島　スネアーズ諸島　スチュアート島など）
●繁殖地：オークランド諸島　キャンベル島　スネアーズ諸島

キタオットセイ

鰭脚類のなかでもっとも外洋性の種類で、成獣は繁殖期以外は上陸しません。幼獣は、離乳後海へ出て、2〜3さいで生まれた繁殖場にもどるまでのあいだ、ずっと海ですごします。個体群の74%はプリビロフ諸島、17%がコマンドルスキー諸島、残りの9%がチュレニイ島（ロベン島）や千島列島、サンミゲル島などで6〜8月に生まれます。集団で繁殖し、メスはふつう、繁殖場にもどった翌日に出産し、平均5.3日後に交尾をします。その3日後にえさをとりに海へ出ますが、平均6.9日後にもどり、授乳は約4か月間続きます。繁殖期終了後、南方への回遊に出て翌年の繁殖期にふたたび繁殖場へもどります。日本近海へは、コマンドルスキー諸島やチュレニイ島などの繁殖場から12〜5月に来遊します。

商業捕獲は、繁殖場が発見された18世紀末に始まり1984年まで続きました。国際条約などの規制により、1950年代には2,500万頭まで回復しましたが、現在はふたたび1,100万頭まで減少しています。

アシカ科・16種

写真提供：三谷曜子（北海道大学）〈2点とも〉

オス成獣。後ろあしが鰭脚類のなかでもっとも長い。

子ども。北太平洋の島々で、6〜8月に生まれ、生後4か月で離乳する。

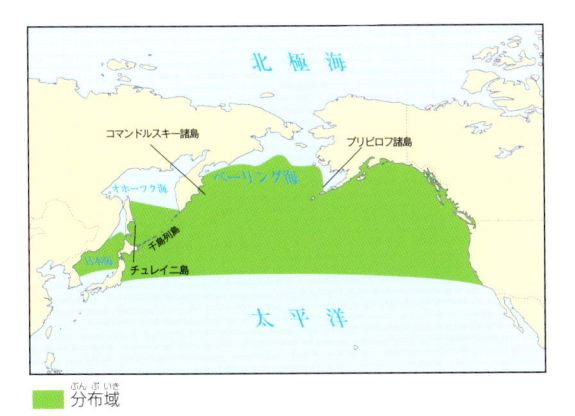

キタオットセイ
英名：Northern Fur Seal　学名：*Callorhinus ursinus*

●大きさ
オス：体長2.1m　体重270kg　　（オスはメスより著しく大きい）
メス：体長1.5m　体重50kg
新生児：体長60〜65cm　体重5〜6kg

●分布：朝鮮半島中央部、佐渡沖以東の日本海〜オホーツク海〜北緯35度以北の銚子沖からカリフォルニア沖にいたる北部北太平洋　ベーリング海
●繁殖地：チュレニイ島　ベーリング島　メドヌイ島　セントポール島　セントジョージ島　ボゴスロフ島　サンミゲル島など

分布域

グアダルーペオットセイ

ミナミオットセイ類で北半球に生息する唯一の種類です。集団で繁殖し、バハカリフォルニア半島沖のグアダルーペ島がおもな繁殖場で、子どもは6月中旬〜8月にかけて生まれます。母親は出産5〜10日後に交尾をし、その後えさをとりに海へ出ます。授乳は9〜11か月ほど続きます。くわしい生態はわかっていません。

商業捕獲のために個体数が減少し、19世紀末までにほぼ絶滅したものと考えられていました。1926年に再発見されましたが、その後1949年にサンニコラス島でオスの成獣が発見されるまで、ふたたび絶滅したものと考えられていました。1954年に調査をおこない、生存が確認され、個体数は200〜500頭と推定されました。その後、約7,400頭（1992年の調査）にまでふえましたが、この数は、ミナミオットセイ類のなかでは、もっとも少ない生息数です。これまで繁殖場はグアダルーペ島1か所とされていましたが、近年、バハカリフォルニア半島沖の島々での繁殖も確認されています。

幼獣。バハカリフォルニア半島沖のグアダルーペ島がおもな繁殖場。

グアダルーペオットセイ
英名：Guadalupe Fur Seal
学名：*Arctocephalus townsendi*

●大きさ
オス：体長2.0m　体重160〜170kg　（オスはメスより大きい）
メス：体長1.2m　体重40〜50kg
新生児：体長50〜60cm

●分布：北アメリカ太平洋沿岸のカリフォルニア周辺の島々（グアダルーペ島　サンベニトス諸島　サンミゲル島　ファラロン諸島など）
●繁殖地：グアダルーペ島　サンベニトス諸島　サンミゲル島

分布域

ファンフェルナンデスオットセイ

　南アメリカ大陸の西側、太平洋上にうかぶファンフェルナンデス諸島で11月中旬～1月下旬に集団で繁殖します。母親は出産してから平均11.3日後にえさをとりに海へ出ます。アシカ類のなかでは、子育てちゅうの海での滞在期間がもっとも長く、平均12.3日（1～25日）といわれています。くわしい生態はよくわかっていませんが、9月上旬には、繁殖場からいなくなるので、授乳期間は7～10か月と考えられています。繁殖期終了後は、繁殖場の南西から西の沖合500～600kmほどの海域に回遊をします。

　かつては、400万頭以上生息していたといわれていますが、商業捕獲が18世紀末～19世紀末におこなわれ、1966年に再発見されるまで、ほぼ絶滅したものと考えられていました。その後しだいに回復し、現在の個体数は、約18,000頭です。

アシカ科・16種

子ども。チリ沖のファンフェルナンデス諸島だけで繁殖する。

南アメリカ
サンフェリックス諸島
ファンフェルナンデス諸島
太平洋　　大西洋
分布域

ファンフェルナンデスオットセイ
英名：Juan Fernandez Fur Seal
学名：*Arctocephalus philippii*

●大きさ
オス：体長2m　体重140kg　　（オスはメスより大きい）
メス：体長1.4m　体重50kg
新生児：体長65～70cm　体重6～7kg

●分布：チリのファンフェルナンデス諸島　サンフェリックス諸島
●繁殖地：ロビンソンクルーソー島　マサフエラ島　サンタクララ島

ガラパゴスオットセイ

アシカ類のなかではもっとも小さい種類です。アシカ類の成獣は、オスとメスで大きさが異なり、オスがメスよりかなり大きいのがふつうですが、本種のオスとメスの差は、あまり大きくありません。

ガラパゴス諸島で8月中旬～11月中旬に集団で繁殖します。繁殖場とえさをとる海域が近いので、母親の海での滞在期間は、ミナミオットセイ類のなかではもっとも短く、平均1.5日です。授乳期間は18～36か月です。

ほとんどの個体が3さいで離乳しますが、なかには4～5さいの子どもに授乳をしている母親もいます。新生児といっしょに前回生まれの子に授乳するケースもあり、そのため、新生児が餓死したり、前回生まれの子に殺されることもあります。

商業捕獲が19世紀におこなわれ、20世紀初めには絶滅しかけましたが、その後、回復し、現在の個体数は12,000頭と推定されています。しかし、近年の繁殖場周辺のエルニーニョ現象によるえさ不足のため、子どもの出生率や生存率への影響が心配されています。

子ども。アシカ・オットセイの仲間のなかでもっとも小さく、新生児の体重は3～4kg。オス成獣でも60kgほどにしかならない。

ガラパゴスオットセイ
英名：Galapagos Fur Seal
学名：*Arctocephalus galapagoensis*

●大きさ
オス：体長 1.5～1.6m　体重 60～70kg　（オスはメスより大きい）
メス：体長 1.1～1.3m　体重 30kg
新生児：体重 3～4kg

●分布・繁殖地：エクアドルのガラパゴス諸島

ミナミアメリカオットセイ

南アメリカ本土に生息するものと、フォークランド諸島に生息するものの2亜種（下記）にわかれるとする説が多くの研究者に支持されています。

10月中旬〜12月中旬に集団で繁殖し、母親は出産7〜10日後に交尾をし、その後えさをとりに海へ出ます。授乳期間は7か月〜3年で、新生児といっしょに前年生まれの子どもに授乳をしていることもあります。授乳期間は環境温度によって異なり、寒い年は9〜10か月、あたたかい年は20か月以上になることもあります。繁殖期終了後、回遊はしません。

18世紀からおこなわれていた商業捕獲は、20世紀に入り、多くの地域で中止しましたが、ウルグアイでは、現在でも、政府の管理下で少数の捕獲が続いています。南アメリカ本土には、215,000〜265,000頭、フォークランド諸島には、15,000〜20,000頭が生息すると推定されています。

アシカ科・16種

子ども。授乳期間は環境温度により年によって異なる。

ミナミアメリカオットセイ
英名：South American Fur Seal　学名：*Arctocephalus australis*　*A. a. gracilis*（南アメリカ本土）
　　　　　　　　　　　　　　　　　　　　　　　　　　　　　　　　　A. a. australis（フォークランド諸島）

●大きさ
オス：体長1.9m　体重120〜200kg　メス：体長1.4m　体重40〜50kg
新生児：体長60〜65cm　体重4〜6kg　　　（オスはメスより大きい）

A. a. gracilis
●分布：南アメリカ太平洋沿岸のペルー中部〜ホーン岬〜大西洋沿岸のブラジル南部
●繁殖地：ロボス島　マルコ島　ラザ島　エンカンタダ島　イスロテ島

A. a. australis
●分布・繁殖地：フォークランド諸島

ニュージーランドオットセイ

オーストラリアとニュージーランドに独立した2個体群があります。集団で繁殖し、子どもは11月下旬〜12月中旬に生まれます。母親は出産7〜8日後に交尾をし、その1〜2日後にえさをとりに海へ出て、平均3.3日後にもどります。海での滞在期間は子どもが小さいときは短く、大きくなると長くなる傾向があります。授乳は10か月ほど続きます。繁殖期終了後は回遊はしませんが、オスは北方へ分散する傾向があるようです。繁殖期以外の3〜9月、繁殖場は亜成獣やメス、1さいの幼獣が多く、繁殖期になるとオスの成獣が出現し、1さいの幼獣はいなくなります。

商業捕獲のために19世紀にはほぼ絶滅したものと考えられていましたが、1875年にニュージーランドとオーストラリア両国の保護政策がはじまり、個体数や分布域はしだいに回復しました。現在の個体数は、135,000頭と考えられています。

子ども。11月下旬〜12月中旬に生まれ、生後10か月で離乳する。

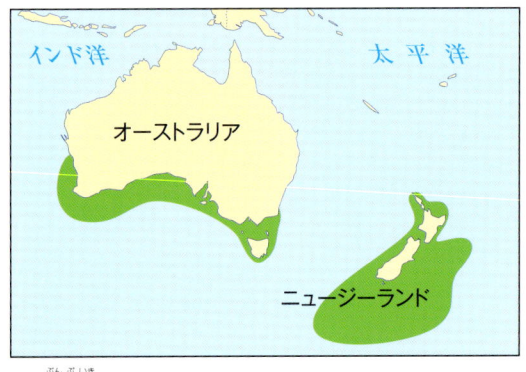

ニュージーランドオットセイ
英名：New Zealand Fur Seal　　学名：*Arctocephalus forsteri*

●大きさ
オス：体長2m　体重200kg　　（オスはメスより大きい）
メス：体長1.5m　体重30〜50kg
新生児：体長40〜55cm　体重3〜4kg

●分布：ニュージーランド沿岸と周辺の亜南極圏の島々
オーストラリア沿岸の西オーストラリア州〜南オーストラリア州〜バス海峡〜タスマニア沖
●繁殖地：オークランド諸島　スチュアート島　スネアーズ諸島　キャンベル島　カンガルー島
ネプチューン諸島　ウィッドベイ諸島など

■ 分布域

アナンキョクオットセイ

ほかのオットセイ類とは体色が異なり、成獣はオス、メスともに頭部から背中、あしは暗い灰褐色で、顔から胸、腹にかけては、クリーム色からオレンジ色をしています。また、ほかのオットセイ類とくらべると、あしが短く、はばが広いことも本種の特ちょうです。オスのおでこには、とさかのような毛のたばが発達します。大陸からはなれた亜南極圏※の島々で10月下旬～1月上旬にかけて集団で繁殖し、母親は出産8～12日後に交尾をし、その後えさをとりに海へ出ます。授乳は10か月ほど続きます。子連れのメスをのぞくほとんどの個体は、冬から春は、海ですごします。

19世紀におこなわれた商業捕獲のために20世紀初めには、絶滅の危機にさらされましたが、個体数や分布域はしだいに回復しました。1987年の個体数は310,000頭と推定され、現在はさらに増加していると考えられています。

アシカ科・16種

オス成獣は、顔、胸、腹がクリーム色からオレンジ色で、おでこにとさかのような毛のたばが発達する。

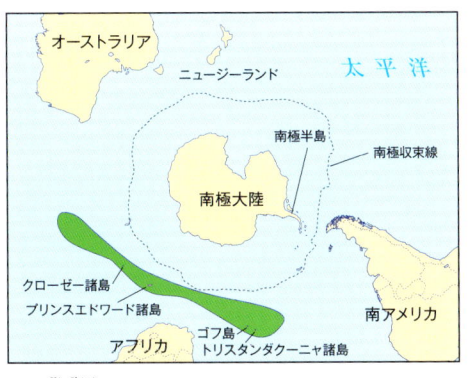

写真提供：渡辺祐基（国立極地研究所）

アナンキョクオットセイ
英名：Subantarctic Fur Seal
学名：Arctocephalus tropicalis

●大きさ
オス：体長 1.8m　体重 70～170kg　（オスはメスより大きい）
メス：体長 1.2～1.5m　体重 30～70kg
新生児：体長 60cm　体重 4～5kg

●分布：南大西洋とインド洋の南極収束線の北側
●繁殖地：プリンスエドワード諸島　マリオン島　クローゼー諸島　マッコリー島　トリスタンダクーニャ諸島　ゴフ島　サンポール島　アムステルダム島など

分布域

33

ナンキョクオットセイ

オスの成獣のひげ（触毛）は、鰭脚類のなかでもっとも長く、35～55cmに達します。サウスジョージア諸島では、1000頭に1～2頭の割合で、金色の体色をした個体が確認されています。11月下旬～12月下旬に集団で繁殖します。母親は出産6～7日後に交尾をし、その数分～数時間後にえさをとりに海へ出て、4～5日でもどります。授乳は4か月ほど続き、離乳後メスは北方への回遊に出て、つぎの繁殖期までもどりません。オスの成獣も繁殖場からはなれますが、オスの亜成獣や繁殖に参加できない成獣は周年、繁殖場のまわりに残ります。

19世紀におこなわれた商業捕獲のために絶滅の危機にさらされ、サウスジョージア諸島の個体数は、1930年代には100頭ほどにまでへってしまいました。しかし、しだいに回復し、現在の個体数は1,600,000頭以上と推定されています。

オス成獣（写真中央）。ひげは、鰭脚類でもっとも長く、35～55cmになる。

サウスジョージア諸島で確認される金色個体。

ナンキョクオットセイ
英名：Antarctic Fur Seal　　学名：*Arctocephalus gazella*

●大きさ
オス：体長1.8～2m　体重130～200kg　（オスはメスより大きい）
メス：体長1.2～1.4m　体重20～50kg
新生児：体長60～70cm　体重6～7kg

●分布：南緯61度と南極収束線の間
●繁殖地：サウスジョージア諸島　サウスシェトランド諸島　サウスオークニー諸島　サウスサンドウィッチ諸島　プリンスエドワード諸島　マリオン島　ケルゲレン諸島　ハード島　マクドナルド諸島　マッコリー島　ブーベ島など

ミナミアフリカオットセイ・オーストラリアオットセイ

オットセイ類で最大。南アフリカに生息するミナミアフリカオットセイと、オーストラリアに生息するオーストラリアオットセイの2亜種にわかれます。もっともアシカ類に近い形態をしています。10月下旬～1月上旬に集団で繁殖します。オーストラリアオットセイの場合、母親は出産8～9日後に交尾をし、その後えさをとりに海へ出ます。母親の海での滞在期間は、夏と冬で異なり、夏が平均3.7日、冬が平均6.8日です。授乳期間はふつうは10～12か月ですが、2～3年続く個体もいます。ミナミアフリカオットセイもほぼ同じですが、繁殖場周辺はえさがより豊富なため、海での滞在期間は、オーストラリアオットセイよりも短くなっています。

19世紀の商業捕獲により、個体数が著しく減少しましたが、保護政策によりその後回復しています。ナミビアでの捕獲は続いていますが、ミナミアフリカオットセイの個体数は、1990年に1,700,000～2,000,000頭でその後も1年に3％増加しています。オーストラリアオットセイの生息数は、2000年代のはじめに35,000～60,000頭と推定されています。

アシカ科・16種

アフリカ大陸の南アフリカからナミビアにかけての沿岸にミナミアフリカオットセイの大きな繁殖場が点在する。

ミナミアフリカオットセイ　英名：South African Fur Seal　学名：*Arctocephalus pusillus pusillus*
- 大きさ
オス：体長2～2.3m　体重250～350kg　　メス：体長1.2～1.6m　体重60～110kg
新生児：体長60～70cm　体重6kg
- 分布：南アフリカ南部沿岸と大西洋沿岸の南アフリカ～アンゴラ
- 繁殖地：南アフリカのポートエリザベス～ケープタウン～フリオ岬の本土と島々

オーストラリアオットセイ　英名：Australian Fur Seal　学名：*Arctocephalus pusillus doriferus*
- 大きさ
オス：体長2～2.3m　体重280～360kg　　メス：体長1.2～1.8m　体重80～110kg
新生児：体長70cm　体重7～8kg
- 分布：オーストラリア沿岸のビクトリア州西部～ニューサウスウェールズ州～バス海峡～タスマニア沖
- 繁殖地：レディージュリアパーシー島　シールロックスなど

セイウチ

タイヘイヨウセイウチとタイセイヨウセイウチの2亜種（下記）にわかれます。ラプテフ海に生息する個体群を3番目の亜種（O. r. laptevi）とする説もありますが、現在のところ確立はしていません。

オスの成獣は、首から胸にかけて毛がなく、ひふがでこぼこになります。本種の特ちょうであるきばは上あごの犬歯が長くのびたもので、その大きさは、社会的な順位を決めるのにやくだちます。3年に1度、4～6月に氷上で出産し、授乳は2年以上続きます。離乳後もつぎの子が生まれるまで母子関係は続きます。1～4月に集団で繁殖し、繁殖期以外はオスとメスはべつべつの集団で生活します。

10世紀初めから商業捕獲がおこなわれ、現在も続いています。タイセイヨウセイウチの個体数は現在、10,000～19,000頭で、以前の個体数までは回復していないといわれています。タイヘイヨウセイウチは、200,000頭と推定され、以前の個体数にもどりましたが、近年ふたたび減少しています。ラプテフ海の個体群は、4,000～5,000頭と推定されています。

写真提供：渡辺祐基（国立極地研究所）

水族館で生まれたタイヘイヨウセイウチの子ども。自然界では4～6月に氷の上で生まれ、授乳は2年以上続く。

海で群れているタイセイヨウセイウチ。もぐって底生の貝などを食べる。

セイウチ科

■ 分布域　①はタイヘイヨウセイウチ、②はタイセイヨウセイウチの分布域。

セイウチ
英名：Walrus　学名：*Odobenus rosmarus*　タイヘイヨウセイウチ（*O. r. divergens*）
　　　　　　　　　　　　　　　　　　　　タイセイヨウセイウチ（*O. r. rosmarus*）

●大きさ
オス：体長 3.2m　体重 1,200～1,500kg　きば（露出部分）35～65cm
メス：体長 2.7m　体重 600～850kg　きば（露出部分）25～55cm
新生児：体長 100～140cm　体重 40～90kg　　（オスはメスより大きい）

タイヘイヨウセイウチ
●分布・繁殖地：ベーリング海～チュクチ海～東部シベリア海～西部ビュフォート海
タイセイヨウセイウチ
●分布・繁殖地：東部カナダ北極圏～グリーンランド～ハドソン湾　バレンツ海～カラ海

セイウチ科

南アラスカの無人島（ラウンド島）で休息する夏季のオス集団（タイヘイヨウセイウチ）。

ゼニガタアザラシ

　鰭脚類のなかでもっとも広く分布しています。5亜種（下記）にわかれ、日本ではそのうちの1亜種（*P. v. stejnegeri*）が、北海道東部太平洋岸の岩礁帯に周年にわたり生息し、繁殖もしています。体色や模様はさまざまですが、基本的には、灰色、灰褐色、褐色、黒色などの地にリングやはん点模様が散在します。地の色が暗色系（黒や褐色）と明色系（灰色）とにわかれ、地域や亜種によってその比率が異なります。

　繁殖期は2〜10月で、亜種や地域によって異なります。もっともはやいのは、*P. v. richardsi* のなかのメキシコ沿岸に生息する個体群です。もっともおそいのは、同亜種のなかの、ピュージェットサウンドとブリティッシュコロンビア東部に生息する個体群です。北海道に生息する亜種の繁殖期は5〜6月です。繁殖期終了後、換毛期がすぎると、妊娠したメスは回遊に出て、翌年同じ場所にもどってきます。オスと妊娠していないメスの成獣は、同じ場所に周年残るといわれています。

　現在の個体数は種全体で300,000〜500,000頭と推定され、北海道に生息する亜種の個体数は約8,000頭です。そのうち北海道での生息数は約900頭と推定されています。

写真提供：Frank Todd〈2点とも〉

カリフォルニアに生息する亜種（*P. v. richardsi*）。暗色系（左）と明色系（右）の個体。

アザラシ科・18種

ゼニガタアザラシ　英名：Harbor Seal　学名：*Phoca vitulina*
地理的に5亜種に分類される
① *P. v. vitulina*（東大西洋）　② *P. v. concolor*（西大西洋）
③ *P. v. mellonae*（カナダ・アンガバ半島の河川や湖）　④ *P. v. richardsi*（東太平洋）
⑤ *P. v. stejnegeri*（西太平洋）

●大きさ　　　　　　　　　　　　　　　　　　（オスはメスよりわずかに大きい）
オス：体長1.9m　体重70〜150kg　メス：体長1.7m　体重60〜110kg
新生児：体長70〜100cm　体重8〜12kg
　亜種によって異なり、*P. v. richardsi* が最小で *P. v. stejnegeri* が最大

●分布・繁殖地
①ポルトガル北大西洋沿岸北部〜イギリス〜北海〜バレンツ海　ノルウェーのスヴァールバル諸島
②北アメリカ大西洋沿岸中部〜カナダ北極圏　グリーンランド東部　アイスランド
③カナダのアンガバ半島にある河川と淡水湖（ロウアーシール湖　ラグランド川など）
④北アメリカ太平洋沿岸のバハカリフォルニア半島中部〜アラスカ〜アリューシャン列島東部　アラスカのイリアムナ湖（淡水）
⑤北海道太平洋沿岸〜千島列島〜カムチャッカ半島〜コマンドルスキー諸島〜アリューシャン列島東部〜アラスカ

■ 分布域
①〜⑤は、5亜種の分布域を示す。

ゴマフアザラシ

体色や模様はさまざまですが、基本的には、灰色の地に黒いはん点模様が散在しています。新生児は白色の新生児毛におおわれていますが、3～4週間で換毛が終わり、成獣と同じ体色になります。3月中旬～下旬に流氷上で出産し、授乳期間は3～4週間で、離乳後すぐに交尾をします。繁殖期が終わると、成獣は流氷とともに移動します。夏季は千島列島、間宮海峡からピョートル大帝湾、サハリン島やカムチャッカ半島の沿岸域でくらしますが、一部は北海道東部の沿岸、尾岱沼や風蓮湖などの砂州にすがたをあらわします。幼獣のなかには南方へ分散し、北海道沿岸に出現する個体があります。10～11月にサハリン島や千島列島の沿岸から北海道への来遊がはじまり、冬季は流氷上でくらしますが、近年では、稚内沿岸などの岩場でくらす個体も増えています。

現在の個体数は、ベーリング海が100,000～135,000頭、オホーツク海が100,000～130,000頭、渤海で4,500頭と推定されています。

写真提供：長谷川政美（復旦大学・総合研究大学院大学）

冬季はオホーツク海に発達する流氷上を上陸場として生活する。

●カモちゃん● ゴマフアザラシは繁殖期が終わると、成獣は流氷とともに北方へ移動し、幼獣はオホーツク海沿岸に移動する。この時期に本州や九州にあらわれる個体が話題になり、最近では地名をとって「○○ちゃん」とよばれ、人気者となることが多い。アゴヒゲアザラシやワモンアザラシの場合もあるが、ゴマフアザラシの幼獣がもっとも多い。
「カモちゃん」は2004年3月9日～4月15日・2005年1月16日～5月4日・12月23日～27日に、千葉県鴨川市の東条海岸にあらわれたゴマフアザラシ。同じ個体が3シーズンも生息地から遠くはなれた場所にあらわれたことは、ほかに例がない。

写真提供：藤田智明

アザラシ科・18種

分布域

ゴマフアザラシ
英名：Spotted Seal
学名：*Phoca largha*

●大きさ
オス・メス：体長1.6～1.7m 体重80～120kg
（オスはメスよりわずかに大きい）
新生児：体長80～90cm 体重7～12kg

●分布：渤海～黄海 ロシアの日本海沿岸～北海道の日本海とオホーツク海沿岸～オホーツク海～カムチャッカ半島～ベーリング海
●繁殖地：渤海 黄海 ピョートル大帝湾 オホーツク海南部 サハリン島東部 間宮海峡

ワモンアザラシ

鰭脚類のなかでもっとも北に生息する、小型のアザラシで、5亜種（下記）にわかれます。*P. h. ochotensis* は世界最小のアザラシです。

体色や模様はさまざまですが、基本的には、灰色から灰褐色の地に淡い色のリングと黒のはん点模様が散在しています。*P. h. ladogensis* は、ほかの亜種にくらべて全体的にこい褐色をしています。新生児は白色の新生児毛におおわれていますが、6～8週間で換毛が終わり成獣と同じ体色になります。3～4月に氷上で出産し、授乳期間は6～8週間で、母親は出産約1か月後に交尾をします。

オスの成獣は繁殖期には顔の毛がなくなりひふが露出し、異臭を放ちます。雪と氷を利用して産室をつくり、そのなかで出産と子育てをし、寒さとホッキョクグマなどの捕食者から子を守ります。*P. h. saimensis* の産室は内部が迷路のようになっています。多くの成獣は繁殖地周辺で周年くらすと考えられています。北海道東部では、離乳後分散した当歳（その年生まれ）の個体がまれに保護されることがあります。

現在の個体数は、世界じゅうで2,500,000～7,000,000頭と推定されています。*P. h. botnica* は5,000～8,000頭、*P. h. saimensis* は260頭、*P. h. ladogensis* は5,000頭と推定されています。

北極海に生息する亜種（*P. h. hispida*）。北極海に生息する亜種はもっとも北に生息する鰭脚類。

オホーツク海に生息する亜種（*P. h. ochotensis*）のメス成獣。

分布域　①～⑤は、5亜種の分布域を示す。

ワモンアザラシ　　英名：Ringed Seal　　学名：*Pusa hispida*
地理的に5亜種に分類される
① *P. h. hispida*（北極周辺）　② *P. h. ochotensis*（オホーツク海）
③ *P. h. saimensis*（サイマー湖水系）　④ *P. h. ladogensis*（ラドガ湖）　⑤ *P. h. botnica*（バルト海）

●大きさ
オス・メス：体長1.1～1.5m　体重50～70kg　（オスとメスは同じ大きさ）
新生児：体長60～65cm　体重4～5kg
　亜種によって異なり、*P. h. ochotensis* が最小で *P. h. botnica* が最大。

●分布・繁殖地
①北極海と周辺海域　バフィン島のネティリング湖（淡水）ラブラドール半島のメルビル湖（海水）
②オホーツク海～カムチャッカ半島のロパトカ岬
③フィンランドのサイマー湖水系（サイマー湖　オリベシ湖　プルベシ湖など6つの淡水湖）
④ロシアのラドガ湖（淡水）　⑤バルト海

バイカルアザラシ

ロシアのバイカル湖（淡水）に生息しています。体色は灰褐色ではん点模様はないか、あっても少ないのであまりめだちません。近縁種のワモンアザラシ、カスピカイアザラシよりも前あしとつめが発達しています。雪と氷でできた産室で2月中旬〜3月下旬にふつう1頭の子どもを産みます。まれにふたごも生まれます。その出生率は約4％で、鰭脚類のなかでもっとも高いといわれています。新生児は白色の新生児毛におおわれ、1.5〜2か月で換毛が終わり、成獣と同じ体色になります。授乳期間は2〜2.5か月で、母親は離乳後交尾をします。4月上旬に子どもは産室から出てきます。授乳時の子どもの大きさは、湖の北部にくらす個体より、南部にくらす個体のほうが小さめです。これは、湖の南部のほうが北部より氷がとけるのがはやく、そのぶん授乳期間が短いためと考えられます。潜水時間は40分ほどといわれており、ワモンアザラシ（18分）よりもはるかに長いことがしられています。

古来より捕獲がおこなわれ、現在も続いています。1900年代の初めには、毎年2,000〜9,000頭が捕獲されていました。1978年の調査によると、個体数は、60,000〜70,000頭と推定されています。

写真提供：渡辺祐基（国立極地研究所）〈2点とも〉

成獣、亜成獣の上陸群。淡水のバイカル湖に生息し、小さくまるっこい体をしている。

成獣。大きな目の間かくはせまく、ひげやまゆ毛が長い。前あしとつめがよく発達し、つめを使って氷にあなを開ける。

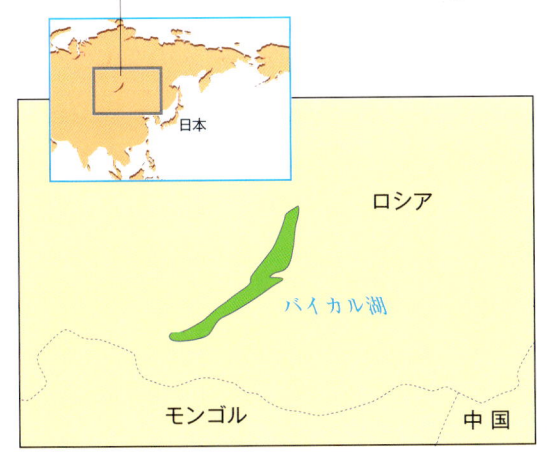

アザラシ科・18種

拡大図の範囲

日本
ロシア
バイカル湖
モンゴル　中国

分布域

バイカルアザラシ
英名：Baikal Seal
学名：*Pusa sibirica*

●大きさ
オス・メス：体長 1.3〜1.4m　体重 80〜90kg　（オスとメスは同じ大きさ）
新生児：体長 65cm　体重 4kg

●分布・繁殖地：バイカル湖

カスピカイアザラシ

　世界最大の湖、カスピ海（汽水）に生息しています。灰色の地に黒のはん点模様や淡い色のリング模様が散在して（オスはメスよりもはん点が多い）います。1月下旬～2月上旬にカスピ海北部の氷上で出産をします。近縁種のワモンアザラシ、バイカルアザラシとは異なり、産室はつくりません。新生児は白色の新生児毛におおわれ、3～4週間で換毛が終わります。授乳期間は4～5週間で、母親は離乳後すぐに交尾をします。繁殖期が終わり氷がとけると、成獣は換毛のために北部の島に上陸します。そして換毛が終わると、各海域に分散します。多くは水深の深い中央部や南部に移動します。冬になると、繁殖個体はふたたび北部に移動しますが、繁殖に関与しない成獣はこの海域に残ります。

　1803年以前は、年間160,000頭が捕獲されていました。捕獲は現在も続けられていますが、新生児の捕獲は年間60,000～65,000頭に制限され、繁殖期のメス成獣の捕獲は禁止されています。現在の個体数は、約500,000頭と推定されています。

水族館で生まれた子ども。白い新生児毛におおわれている。

左の写真と同じ個体。換毛ちゅう。

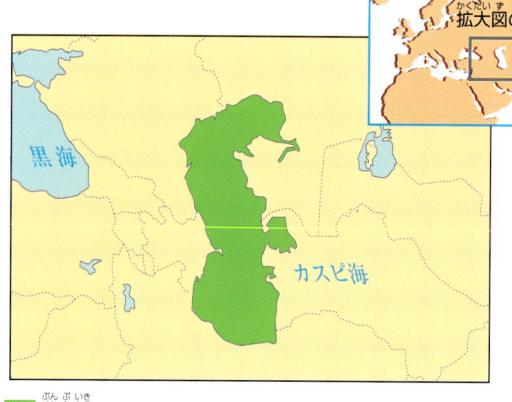

拡大図の範囲

カスピカイアザラシ
英名：Caspian Seal
学名：*Pusa caspica*

●大きさ
オス・メス：体長1.4～1.5m　体重90kg　（オスはメスよりわずかに大きい）
新生児：体長65～80cm　体重5kg

●分布：カスピ海と支流の河川
●繁殖地：カスピ海

■ 分布域

タテゴトアザラシ

　白海からバレンツ海、カラ海周辺と亜北極圏のヤンマイエン島周辺、北西大西洋に独立した3個体群があり、白海に生息する個体群を *P. g. oceanis*、そのほかを *P. g. groenlandicus* のふたつの亜種にわける学説もありますが、確立していません。

　2月下旬～3月上旬に氷上に集まり、出産をします。授乳期間は約12日間で、3月中旬～下旬に交尾をします。繁殖期と換毛期が終わると、北極圏や亜北極圏へ回遊します。この回遊のきょりは、長い場合で4,000kmにもなります。集団で腹側を上にして泳ぎ、イルカの群れのように活発に移動します。

　1600年代より商業捕獲がはじまり、現在も続いています。現在の個体数は、白海の個体群が1,500,000～2,000,000頭、ヤンマイエン島の個体群が296,000頭、北西大西洋の個体群が5,200,000頭と推定されています。

●タテゴトアザラシの体の色や模様● 成長するとともに、体色や模様が変化し、それにともないよび名も変わる。新生児は白色の新生児毛におおわれているが、はじめの数日間は、羊水にそまり黄色で「イエローコート」、その後は白くなり「ホワイトコート」になる。絵本などで「あざらしの赤ちゃん」としてよく紹介されるのがこのステージの写真だ。換毛がはじまり、白色の毛のなかから次のステージの灰白色の体色が見えはじめた「グレーコート」、さらに換毛が進み、白色毛がまばらに残った「ラグドジャケット（ぼろぼろのジャケット）」になる。生後3～4週間で換毛が終わり、翌年の春まで灰白色の地に黒いはん点模様が散在する体色になり「ビーター」とよばれる。1さいの春に2回目の換毛をして、基本的には、ビーターと同じだが、黒いはん点が大きくなり、「ベドラマー（フランス語で海獣の意）」とよばれ、この体色は4さい以上で背中に楽器のハープ（竪琴）模様が出現し、「スポッテッドハープ（はん点のあるハープ）」とよばれるまで続く。最終的には、はん点が消え、頭部が黒く、ハープ模様のある成獣「オールドハープ」になる。

ホワイトコート 白い新生児毛は、保温効果と外敵から身を守る保護色の効果があるといわれている。

ビーター

ベドラマー

アザラシ科・18種

タテゴトアザラシ
英名：Harp Seal
学名：*Pagophilus groenlandicus*

●大きさ
オス・メス：体長 1.8m～1.9m　体重 120～140kg
　　　　　　（オスはメスよりわずかに大きい）
新生児：体長 85cm　体重 10kg

●分布・繁殖地：
北極海～カラ海～バレンツ海～白海～北大西洋～バフィン島～ハドソン湾

分布域

クラカケアザラシ

独特な体色で、暗褐色の地に前あし、首、腰のまわりに白色のバンド模様があります。新生児は白色の新生児毛におおわれていますが、4～5週間で換毛が終わり、背中はこい灰色、腹側が淡い灰色の体色になります。翌年（1さい）の換毛後、バンド模様のりんかくの一部があらわれ、2さいではさらにはっきりします。3さいで完全なバンド模様になり成獣の体色になります。この模様はオス、メスともにありますが、メスは全体的にぼやけた体色をしており、オスのほうがはっきりしています。

4月、外洋の流氷上で出産し、授乳期間は3～4週間で、離乳後交尾をします。繁殖期と換毛が終わると、成獣は流氷とともに北方へ移動します。海氷期以外は外洋で生活し、沿岸に上陸することがないため、目げき情報がなく、この時期の生態はよくわかっていません。

商業捕獲は20世紀後半までおこなわれ、現在も先住民族による捕獲が続いています。現在の個体数は、ベーリング海で90,000～140,000頭と推定されています。

オス成獣。暗褐色の地に白色のバンド模様があり、メスは全体的にぼやけた体色をしている。

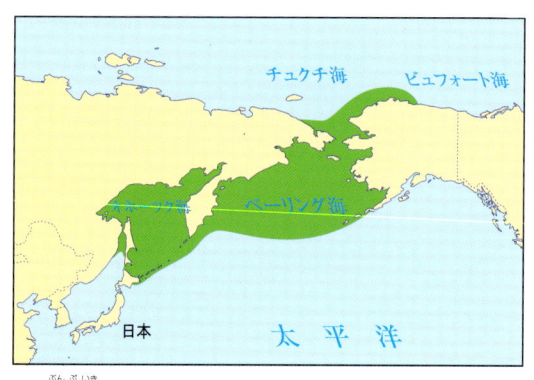

クラカケアザラシ
英名：Ribbon Seal
学名：*Histriophoca fasciata*

●大きさ
オス・メス：体長 1.5～1.8m　体重 70～150kg　　（オスとメスは同じ大きさ）
新生児：体長 85cm　体重 10kg

●分布・繁殖地：
オホーツク海～北太平洋北西部～ベーリング海～チュクチ海～ビュフォート海西部

分布域

ハイイロアザラシ

　西大西洋、東大西洋、バルト海に独立した3個体群があり、北大西洋と東大西洋の2個体群を *H. g. grypus*、バルト海を *H. g. macrorhynchus* のふたつの亜種にわける学説もありますが、確立していません。

　鼻先が長く太いのが特ちょうです。とくにオスの成獣でははっきりしているので、「ホースヘッド（馬の頭）」ともよばれています。体色や模様はさまざまですが、基本的には、灰色や褐色の地にはん点模様が散在します。オスはこい地色に淡い色の模様、メスは淡い地色にこい模様の傾向があります。新生児は白色の新生児毛におおわれています。2～4週間で換毛が終わり、成獣と同じ体色になります。繁殖期は場所により異なり、ブリテン諸島は9～11月、アイスランドとノルウェーは10月、バルト海の氷上は2～3月、カナダは12月下旬～2月上旬です。繁殖場所も岩場、砂州、氷上など多様です。授乳期間は平均17日間で、母親は出産後平均15日後に交尾をします。換毛期間も場所によって異なり、カナダでは5月上旬～6月上旬、バルト海では4～6月、ブリテン諸島では1～3月または3～5月です。

　石器時代より狩猟の対象となり、17世紀初めから商業捕獲がおこなわれていました。現在の個体数は、380,000頭と推定されています。

子ども。白い新生児毛におおわれている。岩場、砂州、氷上などさまざまな場所で出産し、時期も場所により異なる。

アザラシ科・18種

ハイイロアザラシ	英名：Gray Seal　　学名：*Halichoerus grypus*

●大きさ
オス：体長 2.3m　体重 170～400kg　　（オスはメスより大きい）
メス：体長 2m　体重 100～250kg
新生児：体長 90～110cm　体重 10～20kg

①西大西洋個体群
●分布：北アメリカ大西洋沿岸のセントローレンス湾～ノバスコシア～ニューファンドランド島～ラブラドール半島
●繁殖地：セーブル島　バスク諸島　キャンプ島　ノーサンバーランド海峡など
②東大西洋個体群
●分布：アイスランド　ブリテン諸島～フェロー諸島　ノルウェー北部
●繁殖地：ノルウェー沿岸のソールトランデラーグ～フィンマルク　ブリテン諸島　フェロー諸島など
③バルト海個体群　●分布・繁殖地：バルト海

■ 分布域

アゴヒゲアザラシ

分布域によって、E. b. barbatus と E. b. nauticus のふたつの亜種にわかれるという学説もありますが、確立していません。

全身褐色で大型。頭部が小さいため胴体が長くみえます。種名の由来であるひげ（触毛）は、ほかのアザラシ類のひげ（表面がでこぼこ）と異なり、ストレートです。前あしにも他種とのちがいがみられます。ふつうアザラシ類の前あしは、第1指がいちばん長いのですが、本種は、まんなかの指が長く、広げるとキャッチャーミットのような形をしています。つめは太くがっしりとしていて、氷にあなを開けるときやくだちます。アザラシ類の乳頭はふつうふたつですが、本種は四つあります。新生児は、母親の胎内で灰色の新生児毛の換毛を終了し、灰色から褐色の毛で生まれますが、一部がまだ残っている場合もあります。3月中旬～5月上旬に流氷上で出産し、授乳期間は18～24日間で、離乳後交尾をします。新生児は出生後まもなく水に入り、数時間内に母親と泳ぐことができ、数週間後には、じょうずにもぐれるようになります。これは、捕食者のホッキョクグマからにげるために発達した能力と考えられています。

数千年前より先住民族による捕獲がおこなわれ、現在も続いています。現在の個体数は、450,000～500,000頭と推定されています。

写真提供：渡辺祐基（国立極地研究所）

成獣。長いひげと前あしの形が特ちょう。

アゴヒゲアザラシ
英名：Bearded Seal
学名：*Erignathus barbatus*

● 大きさ
オス・メス：体長 2～2.5m　体重 250～300kg
（メスはオスよりわずかに大きい）
新生児：体長 130cm　体重 30kg

● 分布・繁殖地：
オホーツク海～ベーリング海～北極海～北大西洋西部～ハドソン湾

分布域

ズキンアザラシ

オスの成獣は、鼻をふくらませたり、鼻の赤いねんまくを左の鼻腔から出して、風船のようにふくらませることができます。これらの行動は、繁殖期にメスやほかのオスに対して音声とともにおこなう行動のひとつといわれています。新生児は、母親の胎内で灰白色の新生児毛の換毛を終了し、頭や背中、あしが青みがかった灰色、腹側がクリーム色をした体色で生まれ、「ブルーバック（青い背中）」とよばれます。翌年の夏（生後14か月）の換毛後、黒いはん点模様があらわれ「ホッパーフード（はねるズキン）」とよばれ、2さいの換毛後、成獣と同じ体色になります。

繁殖地はセントローレンス湾、デービス海峡、グリーンランド東部で、3月～4月上旬に流氷上で出産します。授乳期間はほ乳類のなかでもっとも短く、平均4日間です。母親は出産5日後に交尾をします。流氷のまわりが生活場所で、流氷とともに夏は北方へ移動し、秋になると南方へ移動します。潜水能力がすぐれ、最大水深記録は1,000mで、最長潜水時間は1時間にもなります。

1800年代に商業捕獲がはじまり、現在でもグリーンランドでは少数が捕獲されています。現在の個体数は、450,000～550,000頭と推定されています。

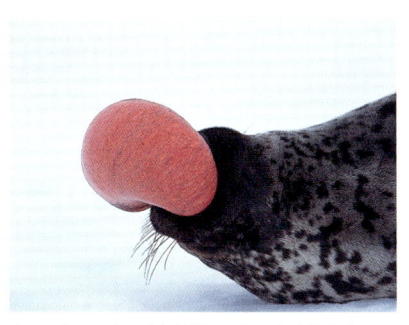

鼻のあなのねんまくを風船のようにふくらませている繁殖期のオス成獣。

子ども。ブルーバック（青い背中）とよばれる。鰭脚類の子どもは、生まれたときは体に皮下脂肪がないが、この種だけは皮下脂肪をもって生まれてくる。

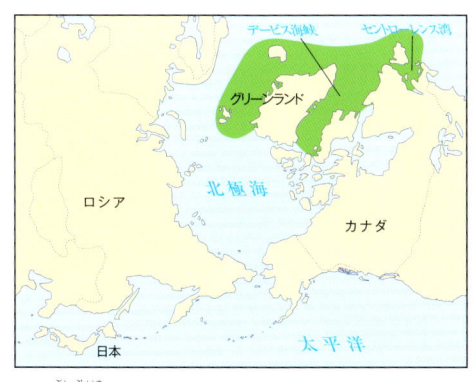

アザラシ科・18種

ズキンアザラシ
英名：Hooded Seal
学名：*Cystophora cristata*

●大きさ
オス：体長2.5m　体重300～400kg　（オスはメスより大きい）
メス：体長2.2m　体重200kg
新生児：体長100cm　体重25kg

●分布：北極海～北大西洋の高緯度海域
●繁殖地：セントローレンス湾　デービス海峡　グリーンランド東部

チチュウカイモンクアザラシ

　オス成獣は、全身褐色から黒色で、腹部に白色の模様があります。メス成獣は灰褐色から灰色で、背中は暗い色、腹側は淡い色で、さまざまな変化があり、腹部の模様はありません。ひげ（触毛）の表面はストレートで、乳頭は四つあります。新生児毛は黒色で、腹部に淡い色の模様があります。生後6〜7週で換毛が終わり、灰褐色から灰色で背中は暗い色、腹側が淡い色の体色になります。ほとんどの個体が、腹部に大きな淡い灰色の模様があり、生後7〜9か月後におこる2回目の換毛でこのはん点模様は消えますが、後にオスの成獣にふたたび出現します。出産期は長く、5〜1月まで続きます。ピークは9、10月と考えられていますが、1年を通して出産があるという説もあります。授乳期間は4か月で、4さいまで母親といっしょにいる個体もいます。交尾の確認例は少ないですが、10〜11月におこなわれ、回遊はせずに、かぎられた場所で生活すると考えられています。

　古代より捕獲がおこなわれ、20世紀の後半には急激に個体数が減少し、現在の個体数は350〜450頭と推定され、もっとも数の少ない鰭脚類といわれています。

新生児毛は黒色で、腹部に淡い色のはん点模様があり、生後6〜7週で換毛する。

母親と子ども。どうくつなどを利用し、人目につきづらい場所でひっそりとくらしている。

チチュウカイモンクアザラシ
英名：Mediterranean Monk Seal
学名：*Monachus monachus*

●大きさ
オス・メス：体長2.3〜2.8m　体重240〜400kg　（オスはメスよりわずかに大きい）
新生児：体長80〜120cm　体重15〜30kg

●分布・繁殖地：
エーゲ海〜イオニア海〜黒海〜マルマラ海　モロッコ沿岸〜ジブラルタル海峡
モーリタニア沿岸

■分布域

ハワイモンクアザラシ

オスの成獣は、全身褐色から黒色。メスの成獣と亜成獣は灰色で、背中側は暗色、腹側は淡色です。ひげ（触毛）の表面はストレートで、乳頭数は四つです。新生児毛は黒色で、生後6週間で換毛が終わります。はじめての換毛は、ほかのアザラシ類と同じように毛がぬけますが、2回目からはひふごとはがれおちます。繁殖期は長く、12月下旬〜8月中旬まで続き、砂浜や岩場で3〜6月に出産します。子どもは出生後すぐに泳ぎ、4日もするとじょうずに泳げるようになります。授乳期間は約6週間で、離乳後は約2か月間、えさを食べません。繁殖場では、オスがメスの3倍もいて、交尾をしようとする攻撃的なオスがメスをきずつけることがしばしばあり、死亡例もあります。これらのオスを捕獲して移動する試みもおこなわれています。温かな環境に生息するにもかかわらず、脂肪層の厚みは寒冷地のアザラシと同じなので、過熱の危険があり、水ぎわの砂浜にあなをほり、そのなかに入り過熱を防いでいます。

1824年に最後の個体が殺されたと考えられていましたが、残った個体がいて、現在の個体数は1,400頭と推定され、鰭脚類で二番目に数の少ない種類です。

白い砂浜で休むハワイモンクアザラシ。ハワイ諸島に生息し、砂浜やサンゴ礁、岩場に上陸する。

アザラシ科・18種

拡大図の範囲

北西ハワイ諸島　ハワイ諸島

分布域

ハワイモンクアザラシ
英名：Hawaiian Monk Seal
学名：*Monachus schauinslandi*

●大きさ
オス：体長 2.1m　体重 170kg　（メスはオスより大きい）
メス：体長 2.4m　体重 270kg
新生児：体長 80〜100cm　体重 15〜20kg

●分布：北西ハワイ諸島〜ハワイ諸島
●繁殖地：北西ハワイ諸島のフレンチフリゲート瀬　パールアンドハーミーズ環礁　クレ環礁　レイサン島　リシアンスキー島　など

キタゾウアザラシ

　オス成獣は、鰭脚類のなかでミナミゾウアザラシにつぐ大きさです。全身灰褐色で胸部には毛がなく、きずが多く、ひふが露出してピンク色になります。鼻が発達し、下あごより15〜20cmほどたれさがり、音声を発するときはふくらみます。メス成獣と亜成獣は全身灰褐色。オス、メスともに体がやわらかく、あおむけになって鼻先を腰につけることができます。新生児毛は黒色で、離乳後すぐに換毛がはじまります。約24日で終わり、体の色が背中側は暗い灰色、腹側は淡い灰色になります。このはじめての換毛は、ほかのアザラシと同じように毛がぬけますが、2回目からは、ひふごとはがれおちます。北アメリカのバハカリフォルニア半島沖の島々やカリフォルニア本土に繁殖場があり、集団で繁殖し、子どもは12月下旬〜3月に生まれます。授乳期間は26〜28日間で、母親は離乳する数日前に交尾をし、その後えさをとりに海へ出て、約75日後に換毛のために繁殖場へもどります。オス成獣は2月に海に出て6月下旬〜7月にもどります。換毛終了後、繁殖期までふたたび海に出ます。

　1818年に商業捕獲がはじまり、50年後に終了しました。1880年代初頭には、絶滅したと考えられていましたが、現在の個体数は、150,000頭と推定されています。

オス成獣。鼻が発達して、音声を発するときはふくらむ。

写真提供：三谷曜子（北海道大学）

メスをめぐってたたかうオス。繁殖期は12月〜3月。その間、オスは絶食をしてハーレムを守る。オスのたたかいは、30分も続くことがある。

写真提供：三谷曜子（北海道大学）

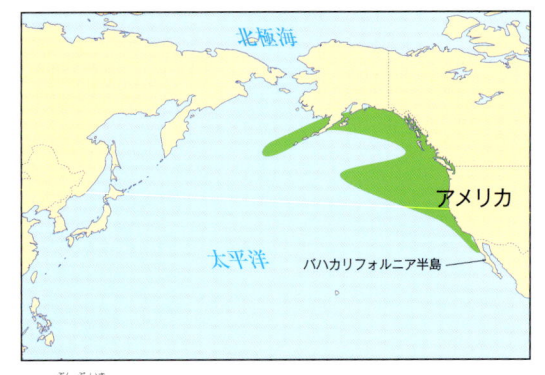

分布域

キタゾウアザラシ
英名：Northern Elephant Seal
学名：*Mirounga angustirostris*

● 大きさ
オス：体長 4.3〜4.5m　体重 1,400〜2,600kg　（オスはメスより著しく大きい）
メス：体長 2.5〜2.8m　体重 400〜700kg
新生児：体長 120cm　体重 30〜40kg

● 分布：北太平洋東部〜中部
● 繁殖地：北アメリカのバハカリフォルニア半島中部〜カリフォルニア北部の本土と島々

ミナミゾウアザラシ

　オスの成獣は、鰭脚類のなかで最大。全身灰褐色で、胸部はひふが露出しますが、キタゾウアザラシほどではありません。また、鼻が大きく発達しますが、キタゾウアザラシほど大きくはなりません。メスの成獣と亜成獣は全身灰褐色。オス、メスともに、キタゾウアザラシよりも、より体がやわらかです。新生児毛は黒色で、離乳前より換毛がはじまり約24日で終わり、体の色が背中側は暗い灰色、腹側は淡い灰色になります。数パーセントの個体は、母親の胎内で換毛が終わります。このはじめての換毛は、ほかのアザラシと同じように毛がぬけますが、2回目からは、ひふごとはがれおちます。亜南極圏や南極半島、アルゼンチンの島々に繁殖場があり、集団で繁殖し、子どもは9～10月に生まれます。授乳期間は23～25日間で、母親は離乳する約4日前に交尾をして、その後えさをとりに海へ出ます。オス成獣は3か月、子どもはさらに50日ほど繁殖場に残り、その後海へ出ます。幼獣は11月下旬～12月、メス成獣は1～2月、オス成獣は3～5月に換毛のために繁殖場へもどり、換毛終了後、繁殖期までふたたび海に出ます。

　1800年代にサウスジョージア諸島で商業捕獲がはじまり、1964年に終了しました。現在の個体数は、650,000頭と推定されています。

オス成獣。鰭脚類のなかでもっとも大きくなる。

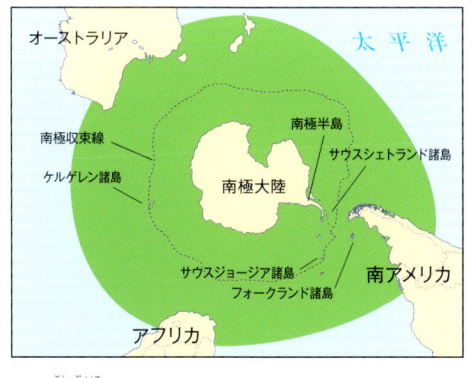

写真提供：渡辺佑基（国立極地研究所）

アザラシ科・18種

分布域

ミナミゾウアザラシ
英名：Southern Elephant Seal
学名：*Mirounga leonina*

● 大きさ　　　　　　　（オスはメスより著しく大きい）
オス：体長 4.2～4.7m　体重 1,500～3,700kg
メス：体長 2.6～2.8m　体重 350～800kg
新生児：体長 130cm　体重 40～50kg

● 分布：亜南極圏の流氷域の北側
● 繁殖地：サウスジョージア諸島　フォークランド諸島　サウスシェトランド諸島　サウスオークニー諸島　ケルゲレン諸島などの南緯40度と60度の間の島々

カニクイアザラシ

体の色は灰褐色で、背中は暗い色、腹側は淡い色の地に黒色のはん点やリング模様が散在しています。とくに、あしや腹部には、この模様が多くあります。前あしは長く、はばがあります。第1指がいちばん長く、アシカ類の前あしににた形をしています。ヒョウアザラシに攻撃されたときにできる長く深いきずが体表に多数ある個体がいます。また、オスの老獣の顔や口、あしのまわりには、メスから受けた多くの細かなきずがあります。新生児は灰褐色の新生児毛におおわれ、生後2～3週間で換毛がはじまり、成獣と同じ体色になります。9～12月に氷上で出産し、授乳期間は約3週間。母親は離乳の約4日後に交尾をします。このときに、メスはオスの顔や前あしをかむといわれています。歯の形が変化してすきまがせまくなっています。このすきまから海水をはきだして、主食のオキアミをこしとって食べます。新生児の死亡率は80%と高く、ほとんどがヒョウアザラシによる捕食と考えられています。ほかのアザラシ類とは異なり、前あしを広げ推進力にして泳ぎます。また、体をヘビのようにくねらせて氷上を高速で移動することもあります。

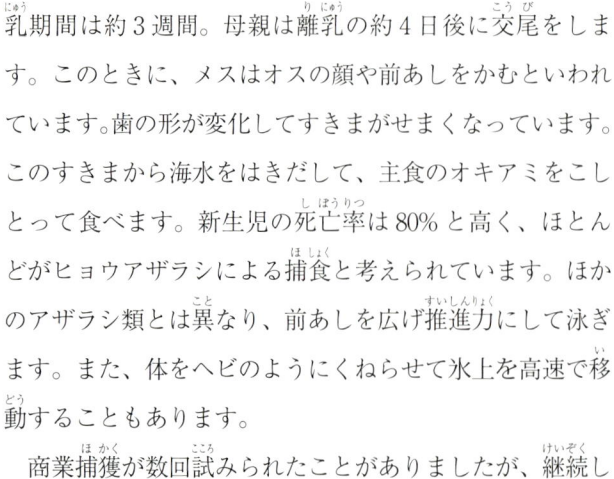

商業捕獲が数回試みられたことがありましたが、継続しませんでした。地球上でもっとも個体数が多い大型ほ乳類といわれており、現在の個体数は、5,000,000～10,000,000頭と推定されています。

写真提供：神田啓史（国立極地研究所）

南極周辺に生息し、数頭の群れで氷上にいることが多い。ときには1,000頭をこえる大群が見られる。

カニクイアザラシ
英名：Crabeater Seal
学名：*Lobodon carcinophaga*

●大きさ
オス・メス：体長2～2.8m　体重180～230kg
　　　　　　（メスはオスよりわずかに大きい）
新生児：体長110cm　体重20～40kg

●分布・繁殖地：
南極大陸周辺の流氷域～南極半島沿岸～ロス海南部

分布域

ロスアザラシ

　鰭脚類のなかでもっとも不明な部分が多いアザラシです。体の色は灰褐色から黒色で、背中側は暗い色、腹側は淡い色をしています。黒色の顔面から胸部にかけてすじ状の模様があり、腹側に黒のはん点模様が散在しています。アザラシ類のなかで、いちばん毛が短いといわれています。前あし、後ろあしは長くて、体長に対する比率では、アザラシ類のなかで最長です。前あしは、はばがあり、第1指がいちばん長く、アシカ類の前あしににた形をしています。歯、口は小さく、短いひげ（触毛）がまばらにはえています。ひげの表面はストレートで、でこぼこしていません。新生児毛は、背部が黒色で腹部が淡い灰色をしています。11～12月に氷上で出産し、授乳期間は約1か月です。

　研究や商業目的で少数が捕獲されたことがあります。現在の個体数は、130,000頭と推定されています。

写真提供：Don Siniff（ミネソタ大学）

目は大きく、口は小さい。氷上で単独でいることが多い。

アザラシ科・18種

ロスアザラシ
英名：Ross Seal
学名：*Ommatophoca rossii*

●大きさ
オス：体長 1.7～2m　体重 130～220kg　（メスはオスよりわずかに大きい）
メス：体長 1.9～2.5m　体重 160～200kg
新生児：体長 100～120cm　体重 20～30kg

●分布・繁殖地：
南極大陸周辺の流氷域

■ 分布域

ヒョウアザラシ

細長い体と大きな頭は、は虫類を思わせます。体色は灰色で、背中側は暗い色、腹側は淡い色の地に黒色のはん点模様が散在しています。前あしは、体の後方に位置しており、そのため、首が長くみえます。前あしは、長く、はばがあり、第1指がいちばん長く、アシカ類の前あしににた形をしています。口、歯が大きく、下あごはがっしりとしています。ひげ（触毛）は短く、数も少なくまばらです。新生児の体型や毛の色、模様は成獣と同じですが、毛の質はほかのアザラシ類の新生児毛と同じようにやわらかで長く、保温性にすぐれています。10～11月中旬に氷上で出産し、授乳期間は約4週間で、母親は離乳後すぐに交尾をします。

前あしを推進力としたアザラシ型と後ろあしを推進力としたアシカ型のふたつの泳ぎ方を使いわけ、はやく機敏に泳ぎ、もぐります。

ペンギンを食べることで有名ですが、オキアミ、魚類、イカ、海鳥、アザラシ、オットセイと、食性は変化にとんでいて、カモノハシが胃のなかから見つかったこともあります。

研究や商業目的で少数が捕獲されたことがあります。現在の個体数は、222,000～440,000頭以上と推定されています。

ペンギンを捕食することで有名だが、オキアミからアザラシまでと、食性は変化にとんでいる。

写真提供：高橋晃周（国立極地研究所）

ヒョウアザラシ
英名：Leopard Seal
学名：*Hydrurga leptonyx*

●大きさ
オス：体長 2.8～3.3m　体重 300kg　（メスはオスより大きい）
メス：体長 2.9～3.8m　体重 260～500kg
新生児：体長 100～160cm　体重 30～35kg

●分布・繁殖地
南極大陸沿岸～亜南極圏

分布域

ウェッデルアザラシ

　小さい前あしが体の前方についていて、胴体が長く見えます。灰色で背部は暗色、腹部は淡色の地に白色のはん点模様が散在しています。模様は背部が少なく、腹部にかけて、大きく、多くなります。ひげ（触毛）の表面はストレートです。新生児毛は灰褐色で、背中の中央に1本の暗色の帯状の模様があり、やわらかく、保温性にすぐれています。生後約18日で換毛がはじまり、2～3週間で終わります。9月下旬～11月上旬にかけて出産しますが、低緯度に生息する個体のほうが高緯度に生息する個体より、出産時期がはやい傾向があります。授乳期間は7～8週間で、母親は出産約13日後に、えさをとりに海へ出ます。離乳後、交尾をします。12月中旬氷がとけはじめると、成獣は分散していきます。

　氷上で生活するには、呼吸をするためや、水に入るためのあなが重要で、歯を使って氷にあなをあけます。そのため、上あごの前歯と犬歯はとくしゅな形をしています。潜水能力がすぐれ、ふつう水深600mまでもぐり、最長の潜水時間は82分間の記録もあります。すぐれた潜水能力は、えさをさがすときだけでなく、呼吸のためのあなをみつけるのにもやくだちます。

　研究や商業目的で少数が捕獲されたことがあります。現在の個体数は、500,000～1,000,000頭と推定されています。

子ども。9月下旬～11月上旬に生まれ、生後7～8週で離乳する。

写真提供：三谷曜子（北海道大学）

頭が小さく、胴が長い。灰色の地に白色のはん点が散在する。

写真提供：渡辺祐基（国立極地研究所）

アザラシ科・18種

ウェッデルアザラシ
英名：Weddell Seal
学名：*Leptonychotes weddellii*

●大きさ
オス：体長 2.5～2.9m　体重 400～500kg　（メスはオスよりわずかに大きい）
メス：体長 2.6～3.3m　体重 400～500kg
新生児：体長 150cm　体重 20～30kg

●分布・繁殖地：
南極大陸沿岸の定着氷域～流氷域

分布域

野生のアシカやアザラシにであえるところ

ノルウェーの北、バレンツ海に浮かぶスピッツベルゲン島からの北極海クルーズで、ボートに乗り、アゴヒゲアザラシを見る観光客たち。

写真提供：荒井玲子

サンフランシスコ港にあるヨットハーバーの浮き桟橋にのって休むカリフォルニアアシカの群れ。

アゴヒゲアザラシ

ヨーロッパ

アフリカ

ミナミアフリカオットセイ

⑦南アフリカ

① **北極海周辺**──北極海クルーズでまわる島々で、セイウチやアザラシ類を観察できる。

② **カナダ**──カナダの東海岸セントローレンス湾は、タテゴトアザラシが毎年出産・子育てを行う場所として知られている。流氷の季節（2月末〜3月中旬）、マドレーヌ島やプリンスエドワード島をベースにヘリコプターや船での観察ツアーがある。

③ **サンフランシスコ ピアー39（カリフォルニア）**──サンフランシスコ港にある『サンフランシスコ ピアー39』の近くでカリフォルニアアシカを観察できる。ピアー（pier）は英語で桟橋のこと。

④ **アニョ ヌエボ州立保護区（カリフォルニア）**──繁殖期と換毛期に陸上にいるキタゾウアザラシをガイドの案内で観察できる。

⑤ **オーストラリア カンガルー島**──ガイドの案内で、ほぼ1年じゅうオーストラリアアシカを観察できる。

⑥ **ニュージーランド 南島**──ニュージーランドアシカやニュージーランドオットセイを観察できる。

⑦ **南アフリカ**──ケープタウン周辺の港から出る観光船などでミナミアフリカオットセイの大群や、泳ぐすがたを観察できる。

⑧ **南極海周辺**──南極海クルーズでまわる島々で、海獣類をペンギンなどといっしょに観察できる。

●観察するときの注意点●

大声をだしたり物音をたてずにあるていどのきょりをあけて静かに観察しよう。また、走りまわったり、急に動いたりしても動物はおどろいてしまう。もちろん、近づいてさわったり、食べものをあたえてもいけない。動物の体やしぐさだけでなく、まわりのようすもじっくり観察してみよう。双眼鏡があればとても便利なはずだ。動物たちが自然の一部であることに気づくにちがいない。

＊上記の場所以外にも、海獣類を観察できるポイントは世界各地にたくさんあります。

＊場所によっては予約が必要なところがあります。また回遊時期などにより見られないこともあるので、事前に調べましょう。

日本をはじめ世界じゅうには、野生のアシカやアザラシを観察できるところがたくさんあります。動物たちの野生のすがたを見ることは、その動物をより深く知ることにつながり、また知れば知るほど、自然のたいせつさを実感できるはずです。

① 北極海周辺
セイウチ
北極海
アジア
北アメリカ
キタゾウアザラシ
② カナダ
タテゴトアザラシ
③ サンフランシスコ ピアー 39
④ アニョ ヌエボ州立保護区
ハワイモンクアザラシ
大西洋
カリフォルニアアシカ
赤道
インド洋
太平洋
南アメリカ
オセアニア
⑤ オーストラリア カンガルー島
オーストラリアアシカ
ニュージーランドオットセイ
ニュージーランドアシカ
カニクイアザラシ
ウェッデルアザラシ
⑥ ニュージーランド南島
ヒョウアザラシ
⑧ 南極海周辺
南極大陸

宗谷漁港
サハリン
抜海港
オホーツク海
積丹半島
雄冬岬
風蓮湖
尾岱沼
千島列島
日本海
襟裳岬
大黒島
三陸
太平洋
銚子

トド
ゼニガタアザラシ
ゴマフアザラシ

日本周辺で見られる海獣類

　トド・キタオットセイ・ゼニガタアザラシ・ゴマフアザラシ・ワモンアザラシ・クラカケアザラシ・アゴヒゲアザラシが日本周辺に周年生息もしくは季節的に回遊する。トドは 11 〜 5 月に北海道に来遊し、雄冬岬や積丹半島周辺で見ることができる。キタオットセイは、コマンドルスキー諸島で繁殖した個体が三陸沖に回遊し、4 月ごろ銚子沖付近まで南下する。このころに付近を通過するフェリーやウォッチチング船などを利用すると見ることができる。ゼニガタアザラシの西太平洋亜種は北海道の東部太平洋岸に周年生息し、9 か所の上陸場のうち大黒島と襟裳岬が主要な上陸場と繁殖場になっていて、観光ツアーなどを利用できる。ほかの 4 種のアザラシは流氷期に流氷とともにオホーツク海に南下する。アゴヒゲアザラシとワモンアザラシは、北方に分布するので見ることはむずかしいが、ゴマフアザラシとクラカケアザラシはオホーツク海の観光船で見ることができる。ゴマフアザラシは、夏季にも尾岱沼や風蓮湖に個体群があり、近年では抜海港や宗谷漁港などで越冬群を見ることができる。

海獣たちにせまる危機

――異常気象や海洋汚染による影響――

　地球温暖化の影響により、この100年間で世界の平均気温は、0.7℃上がり、近年では気温上昇のスピードが増してきています。ヒマラヤなどの山の氷や北極海の氷がとけ、この100年間で海面が17cm上昇しています。北極海の水温は、ここ10年で2℃以上も上がり、北極海の氷の面積は過去30年間で約8％少なくなり、2007年9月には、これまでの最小面積を記録し、2008年9月は、二ばんめに少ない記録でした。このまま温暖化が続けば、10年に1℃以上の割合で北極海の水温が上がり、今後30年以内には北極海の氷がほぼなくなる可能性が指摘されています。

　北極海の氷が少なくなると、海流が変化し、地球全体の気候に影響がでますが、北極海に生息する生物は、より直接的な影響を受けます。セイウチや氷の上で生活するアザラシたちへの影響も報告されています。母親とはなればなれになったセイウチの子どもが、群れからもはなれ、水深が深くえさをとることができない、ふつうではないはずの海域で多数発見されています。ワモンアザラシの子どもは、氷や雪におおわれたあなの中に入って、寒さとホッキョクグマなどの捕食者から身を守っています。しかし温暖化によりこのあながこわれ、寒風にさらされたり、身をかくせずに捕食者におそわれ、死亡する個体が増えています。タテゴトアザラシの子どもは、氷の上で育っていきますが、まだよく泳げない子どもが、氷がとけて海の中に投げだされることが多くなっています。

　北極海の氷がとけるとそこに植物プランクトンが発生し、それを食べに動物プランクトンやそのほかの生物が集まります。これらが、セイウチやアザラシたちのえさになっているのですが、急速に氷がとけると植物プランクトンが発生せず、えさとなる生物も少なくなってしまいます。また、水温の上昇にともない、えさとなる魚自体がより北に移動してしまい、結果的にえさとなる魚が少なくなる現象もおこっています。

　エルニーニョ現象という異常気象のために、南アメリカの太平洋沿岸の水温が上昇し、えさの魚が少なくなることがあり、1982～1983年には、多くのガラパゴスアシカとガラパゴスオットセイが死亡しました。また、1982～1983年の冬期にこの異常気象の影響で台風が発生し、カリフォルニア沿岸で多くのキタゾウアザラシの幼獣が死亡しています。

　海や海岸にすてられたごみも問題となっています。とくに、くさってなくなることのないプラスチック製品などが鰭脚類の生存をおびやかしています。なかでも、海に残された漁網やつり糸にからまるケースが多くなっています。網や糸にからまると、おぼれたり、えさをとれずに弱っていったり、捕食者からにげられなかったり、体にきずができて病気になったりと、さまざまな影響が考えられます。また、ごみをのみこんで、胃や腸などがきずついたり、えさを食べることができなくて死亡するケースもしられています。1970年代には、毎年50,000頭のキタオットセイが命をおとしたとの報告もあります。

　鰭脚類は沿岸で生活するので、海洋汚染の影響を受けることが多く、1970年代には、バルト海に生息するワモンアザラシとハイイロアザラシで、繁殖障害が認められ、その原因が有害化学物質であることがわかりました。1989年にアラスカでおこった大型タンカーの事故では、42,000,000リットルの石油が流出し、多くのラッコやゼニガタアザラシが被害にあいました。1987～1988年にバイカル湖に生息する数千頭のバイカルアザラシと北海に生息する18,000頭のゼニガタアザラシが、ウィルスに感染して死亡しました。これも環境汚染の影響と考えられています。

写真提供：高橋晃周（国立極地研究所）

極地にひろがる海氷は年ねんうすくなっている……下の写真は、南極大陸の周辺にうかぶ氷原。中央にアザラシが見える。

地球温暖化におびやかされる氷の世界の住人たち──南極海にくらすヒョウアザラシ（左）、北の海の巨大な海獣セイウチ（右）。

写真提供：渡辺祐基（国立極地研究所）

漁網がからまり、身動きがとれなくなったキタオットセイ。海獣たちの悲鳴が聞こえてくる……。

海獣たちの保護活動

　毎年、春になると北海道沿岸にある水族館や動物園、博物館などでは、多くのアザラシの幼獣を保護します。

　いちばん多いのはゴマフアザラシです。離乳をし母親とわかれた後にえさをとることができずに衰弱し、浜にうちあげられるケースが多いようです。ゴマフアザラシは、冬にオホーツク海に出現する流氷の上で、3月中旬～下旬に出産し、3～4週間で離乳します。そのため、オホーツク海沿岸にある施設は、4、5月、これらの個体の保護活動のためにいそがしくなることがあります。なかには、まだ授乳ちゅうの白い新生児毛が残る個体もいます。そのほかにオホーツク海の流氷の上で生まれるワモンアザラシやクラカケアザラシ、数は少ないですがアゴヒゲアザラシも保護されることがあります。

　ゼニガタアザラシは、現在は北海道東岸の襟裳岬や厚岸近くの大黒島など7か所で繁殖し、周辺海域に1年じゅうすみ、北海道の個体数は約900頭といわれています。5月上旬から1か月の間に、岩の上で出産しますが、生まれてまもない個体が保護されることが多いようです。

　キタオットセイは、6～8月に北太平洋の島々で繁殖期をすごした後、南方への回遊の旅に出ます。日本の太平洋側では常磐沖や銚子沖まで南下し、これらの個体が沿岸で確認されることがあります。キタオットセイは回遊ちゅうは沖合の海上で休息するので、沿岸に近づいたり、上陸をすることは異常なことで、なかには弱って保護が必要な個体もいます。水族館や動物園では、それらの個体を保護し、治りょうをした後に海にかえす活動もおこなっています。

　本来の生息地や回遊ルートからはなれたところでアザラシやキタオットセイが発見されることは、それ自体が異常な現象です。ただし、それらの個体がもとの場所にもどる可能性がないわけではありませんし、いたずらにつかまえることは法律で禁止されています。また、不用意に近づいたり、さわったりすることは、動物にとってはストレスになりますし、反対に人間がかまれてしまうこともあります。しかし、なかには弱って、すぐに治りょうをする必要のある個体がいるかもしれません。海岸でそんな個体を発見したならば、水族館や動物園、博物館や水産試験場、役場や警察などに連らくをしてください。そして、動物が自由に行動できるように、きょりをおいて静かにみまもってください。

弱って海岸に上陸したキタオットセイ。行政機関の要請で、治りょうのため水族館へ運ぶ。

体調が回復したキタオットセイを野生の群れにもどすために放流。（写真は、2005年に東京・上野動物園で保護された個体）

放流直後のキタオットセイ。（写真内の矢印）

用語解説

*本文中の※印のついた鰭脚類に関する用語を中心に生物学上の事がらなどを、わかりやすく解説してあります。(50音順)

＜亜種＞ 同じ種であるが、すんでいる場所や色や形によって違いが認められる場合、これを亜種として区別する。

＜亜成獣＞ 成長過程の一時期で、外見はかなり成獣に近いが、性的に成熟していない段階の動物。幼獣（子ども）と成獣の中間のもの。

＜亜南極圏＞ 南極圏よりも北側で温帯域の間の地域。

＜亜北極圏＞ 北極圏よりも南側で温帯域の間の地域。

＜上毛＞ →体毛

＜エルニーニョ現象＞ 南米太平洋側の赤道付近で海水表面の水温が上昇する現象。1982～1983年には、この現象によるえさ不足のために、周辺でくらすガラパゴスアシカ、ガラパゴスオットセイなどに直接的な影響をあたえた。また、関連して異常気象をおこし、1982～1983年の冬期に発生した台風の影響で、キタゾウアザラシの子どもが多数死亡した。

＜科＞ 生物の分類上のひとつの階級。「属」の上に位置する。

＜回遊＞ 水生動物がえさをとったり、繁殖や越冬などのために定期的に移動し、またもとの場所にもどってくる行動。一部の鰭脚類は、1年じゅう、繁殖場周辺にとどまっているが、多くの種類は繁殖期や換毛期が終わると繁殖場から分散し、ふたたび、繁殖期に繁殖場にもどる、季節的な回遊をおこなう。回遊場所は、同種でも性別や年齢によって異なり、氷上で生活するアザラシ類は、流氷の状態によっても異なる。キタゾウアザラシ、ズキンアザラシ、タテゴトアザラシ、ワモンアザラシ、カリフォルニアアシカ、トド、キタオットセイ、セイウチは、長きょりの回遊をすることで知られ、キタゾウアザラシは長いもので片道5,000km以上、タテゴトアザラシ、キタオットセイは4,000km、セイウチは3,000kmのきょりを移動する。

＜海洋環境＞ 汚染や温暖化など海で生活する生物をとりまく状況。

＜外洋性＞ 沿岸から遠くはなれた海域で生活する動物の生態。

＜学名＞ 生物を区別するための学問上のよび名。ラテン語の属名＋種名（あるいは＋亜種名）で構成されていて、全世界で通用する。

＜カリブカイモンクアザラシ＞ モンクアザラシ属の1種（*Monachus tropicalis*）で、カリブ海とメキシコ湾に生息していた。コロンブスの2回目の航海中である1494年に発見されて以来、主として油を目的に捕獲され、1952年の目げき情報を最後にその後は発見できず、絶滅種と考えられている。

＜換毛（毛がわり）＞ 体じゅうの毛が新しい毛にはえかわること。この時期を「換毛期」といい、上陸して休息していることが多い。通常は、目・口・へそなどの毛のはえぎわや前あしや後ろあしなどから古い毛がぬけ、下から新しい毛があらわれる。ゾウアザラシとハワイモンクアザラシは、古い毛のついたひふが皮がむけるように脱落し、この間、ほとんど水には入らない。新生児毛の換毛以降は通常、1年に1回、繁殖期終了後、換毛する。

換毛ちゅうのキタゾウアザラシ

換毛ちゅうのゴマフアザラシ

写真提供：藤田智明

＜近縁種＞ 生物の分類で近い関係にある種。

＜個体・個体数＞ 動物の最小単位で一頭一頭のこと、およびその数。

＜個体群＞ ある一定範囲に生息する同一種の個体のまとまり。

＜産室＞ ワモンアザラシの一部の亜種とバイカルアザラシが子どもを寒さや捕食者から守るために出産と育児に利用する氷や雪でつくられたあな。雪洞ともよばれる。

＜下毛＞ →体毛

＜種＞ 生物の分類上の基本単位。

＜周年＞ 1年じゅう。

＜商業捕獲＞ 肉や毛皮や油などの商業目的で動物を捕獲すること。鰭脚類の捕獲は石器時代にはじまり、食用としての肉や脂肪を対象としたものから、セイウチのきばやオットセイ、アザラシの毛皮を対象としたものになり、18世紀末期から20世紀初頭にかけては、大規模な油を対象とした商業捕獲になっていった。セイウチのきばは、現在でも商業目的として重要であり、年間10,000頭がロシア、アラスカ、カナダ、グリーンランドの先住民族によって捕獲され、市場に出されている。ワモンアザラシ、アゴヒゲアザラシ、クラカケアザラシ、タテゴトアザラシ、ズキンアザラシ、ゴマフアザラシも年間十数万頭が捕獲され地域で消費されているが、毛皮やオスの生殖器は商取引の対象となっている。カスピカイアザラシとバイカルアザラシの捕獲も継続している。商業捕獲は1960年代からかなり少なくなっているが、ノルウェーやロシアのハンターによって、タテゴトアザラシとズキンアザラシが依然、捕獲されている。カナダでのタテゴトアザラシの捕獲量は1980年代に急激に減少したが、最近、ふたたび増加し、年間十数万頭が捕獲されている。ナミビアでは現在でも、年間数万頭のミナミアフリカオットセイが毛皮と油、オスの生殖器のために捕獲されている。

＜触毛＞ 洞毛ともいい、口のまわりにはえているものを一般的には「ひげ」とよぶが、鼻の上や目の上にもはえ、種類によって数や長さが異なる。根もとには血液が流れ、接触による刺激を神経に伝達する触覚器官である。よく見るとビーズがつながっているように、表面はでこぼこしているが、アゴヒゲアザラシ・モンクアザラシ・ロスアザラシ・ウェッデルアザラシは、でこぼこしていない。鰭脚類のひげは水流を感じたり、えさをさがすときにやくだつといわれており、とくにセイウチはひげの触覚がすぐれ、0.4 cm²のものをさがしあてることができるといわれている。

＜新生児毛＞ 生まれてくるときの子どもの体毛。北半球の氷上で生まれるアザラシの子どもは、白い毛におおわれていて、保温と保護色のやくめがあるといわれており、生後数週間から2か月ほどで換毛が終了する。アゴヒゲアザラシとズキンアザラシは氷上で生まれるが、母親の胎内で換毛を終了する。アゴヒゲアザラシは出生後す

ぐに泳ぎ、それには長い新生児毛がじゃまになるためと考えられている。ズキンアザラシは、生まれたときから皮下脂肪があり、授乳期間ももっとも短い。ゼニガタアザラシは、岩の上で生まれる種類であるが、白い新生児毛を母親の胎内で換毛する。ゼニガタアザラシはゴマフアザラシのように氷上で白い毛におおわれた子どもを産む種類から進化したものと考えられている。

＜成獣＞ 性的に成熟したおとなの動物。

＜属＞ 生物の分類上のひとつの階級。「種」の上、「科」の下に位置する

＜体長＞ 動物の体の長さ。鰭脚類の場合、一般的には動物の腹側を上にしてまっすぐにねかせ、鼻の先たんから尾の先たんまでの直線の長さを「標準体長」という。背中側を上にした体長を「背中側標準体長」といい、「標準体長」よりも少し短く、大型の種や水族館などで生きている個体を計測するときに使われる。また、体表にそって計測した「曲線体長」の場合もあり、この場合は「標準体長」より長くなる。鼻の先たんから後ろあしの先たんまでの長さは「全長」とよばれる。

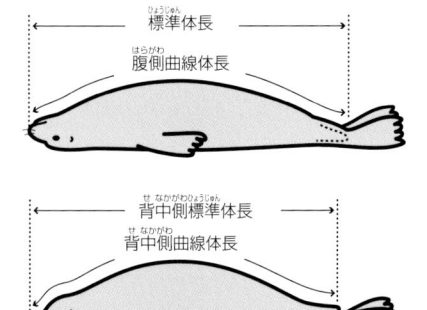

＜体毛＞ 鰭脚類の体毛は長くて太い上毛（さし毛）と短くてやわらかい下毛（綿毛）の2種類の毛があり、1本の上毛と数本の下毛がたばになり、「毛包」を形成する。下毛の数は種類により異なり、セイウチ、ゾウアザラシ、モンクアザラシ類にはなく、アシカ類は1～3本、アザラシ類は5～7本、キタオットセイでは数十本にもなり、体表1cm²あたりの下毛の数はナンキョクオットセイで3万～4万本、キタオットセイで4万～6万本になる。それぞれの毛包には、皮脂腺と汗腺があり、皮脂腺から出された油を下毛につけ、オットセイ類は防寒と浮力にやくだてている。

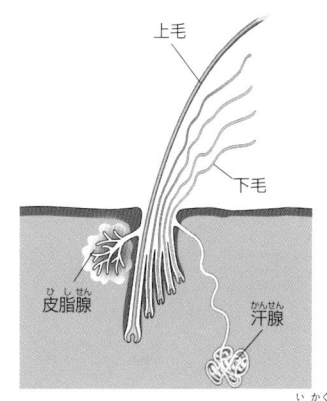

＜ディスプレイ＞ 動物が求愛や威嚇をするときに音や動作、姿勢などで相手に示す特別な行動。多くのアザラシ類は繁殖期にオス特有の鳴き声を出し、セイウチは鳴き声のほかに、チャイムが鳴るような音を出す。

＜定着氷＞ 陸地に結合する海氷。

＜なわばり＞ 動物がほかの動物や仲間をよせつけない領域のこと。「テリトリー」ともいう。

＜ナンキョクオキアミ＞ 南極海に生息する、大形の動物性プランクトン。

＜南極圏＞ 南極大陸とその周辺のおよそ南緯60度以南の地域。南極大陸をとりまくように流れる南極海流とその北側を流れる亜熱帯海流の境界を「南極収束線」といい、この線以南をさすこともある。

＜南極収束線＞ →南極圏

＜南極半島＞ 南極大陸にある半島。西南極にあり、対岸は南アメリカ大陸。

＜妊娠期間＞ 交尾（受精）から出産までの期間で、セイウチをのぞくほとんどの鰭脚類の妊娠期間は約1年間（セイウチは15～16か月）。ほ乳類は、受精をしてできた胚（はい）がすぐに子宮内のかべに定着し、胚の発育がはじまり、これを「着床（ちゃくしょう）」というが、鰭脚類の胚は、すぐに着床せずに子宮内でしばらくの間浮遊をして、この間、発生は中止している。これは、繁殖のサイクルを1年間に調節するしくみで、「着床遅延」とよばれている。着床遅延の長さは、アシカ科は3.5～4か月、アザラシ科は2.5か月、セイウチは4～5か月で、これを最初に示した妊娠期間からひいた期間を真の妊娠期間という。

＜ハーレム＞ 「ハレム」ともいい、繁殖期に1頭のオスが交尾を目的にほかのオスを排斥し、複数のメスを自分のなわばり内におさめてつくられる集団。オスがはじめに繁殖場にやってきて、多くのメスが上陸しそうな場所にほかのオスとあらそってなわばり（テリトリー）をつくる。メスはもっとも適した場所を選び上陸をする。メスは群れたがるので多くのメスがいる場所に上陸する傾向があり、かならずしも強いオスをメスが選んで集団をつくるわけではない。

＜鼻先＞ 鼻の先たんとその周辺の部分。「吻」「鼻づら」ともいう。

＜繁殖期＞ 出産・交尾・子育てをおこなう一連の期間。

＜繁殖場＞ 出産・交尾・子育てをおこなう場所。「ルッカリー」ともいう。

＜皮下脂肪＞ 表皮と筋肉の間にある脂肪層。

＜ひげ＞ →触毛

＜鰭＞ 水生生物が水中で動かし水をかいて推進力にしたり水流を制御したりするのに使う運動器官。鰭脚類は、4本のあしが鰭に変化した動物で、前あしも後ろあしも5本の指があり、それぞれが水かきで結合している。アシカ科の前あしは、水かきがかたい結合組織に変化して重くがっしりとしている。前あしも後ろあしも5本の指には、5本のつめがある。アシカ科とセイウチの前あしのつめは小さいが、アザラシの5本のつめはしっかりとしている。とくに、ワモンアザラシやバイカルアザラシ、アゴヒゲアザラシのつめは大きくがっしりとしていて、氷にあなをあけるのにやくだっている。

＜分類学＞ 生物をその特ちょうによって分類し類縁関係などを調べる生物学の一分野。

＜保護政策＞ 生物の生息数減少をふせぐための政治的対策。

＜捕食者＞ ある動物をつかまえて食べている動物。天敵ともいう。

＜北極圏＞ 北緯66度33分線（北極線）以北の地域。

＜ミナミオットセイ類＞ アシカ科のミナミオットセイ属（Arctocephalus属）に属する8種。

＜幼獣＞ →亜成獣

＜来遊＞ 回遊の一環としてある場所へ来ること。

＜流氷＞ 陸地に結合しない海氷。

さくいん

＊太い数字は、くわしい解説がのっているページです。

<ア行>
- アゴヒゲアザラシ………… 19 **46** 56 57
- アデリーペンギン………………… 12
- アナンキョクオットセイ………18 **33**
- イエローコート……………………43
- イルカ………………………………17
- ウェッデルアザラシ………… 19 **55** 57
- エナリアークトス………………6 19
- オーストラリアオットセイ……18 **35**
- オーストラリアアシカ………18 **25** 57
- オタリア………………………13 18 **24**
- オールドハープ……………………43

<カ行>
- 海牛類………………………………16
- カスピカイアザラシ…………10 19 **42**
- カニクイアザラシ……………19 **52** 57
- ガラパゴスアシカ………………18 **23**
- ガラパゴスオットセイ…………18 **30**
- カリフォルニアアシカ…4 7 8 9 10 11
  …………………14 16 18 **21** 56 57
- カリブカイモンクアザラシ………6 61
- キタオットセイ…15 18 **27** 57 59 60
- キタゾウアザラシ………………8 10 19
  ……………………………**50** 57 61
- キングペンギン……………………5
- クジラ………………………………16
- クラカケアザラシ……………19 **44** 57

<サ行>
- グアダルーペオットセイ………18 **28**
- グレーコート………………………43
- 鯨類（げいるい）…………………17
- ゴマフアザラシ……………7 8 9 10
  ……………………………19 **39** 57 61

<サ行>
- ザトウクジラ………………………16
- シャチ…………………………13 **24**
- ジュゴン……………………………16
- ズキンアザラシ………………19 **47**
- スポッテッドハープ………………43
- セイウチ……………5 6 8 9 10 14 18
  ……………………**36** 37 57 59
- ゼニガタアザラシ……………19 **38** 57

<タ行>
- タイセイヨウセイウチ………5 **36** 59
- タイヘイヨウセイウチ……… **36** 37
- タテゴトアザラシ……14 17 19 **43** 57
- チチュウカイモンクアザラシ……19 **48**
- トド……………………………12 18 **20** 57

<ナ行>
- ナンキョクオットセイ………5 18 **34**
- ニホンアシカ…………………18 **22**
- ニュージーランドアシカ………18 **26** 57
- ニュージーランドオットセイ…18 **32** 57

<ハ行>
- ハイイロアザラシ………………19 **45**
- ハワイモンクアザラシ………19 **49** 57
- バイカルアザラシ………………19 **41**
- バンドウイルカ……………………17
- ビーター……………………………43
- ヒョウアザラシ………12 19 **54** 57 58
- ファンフェルナンデスオットセイ…18 **29**
- ブルーバック………………………47
- ベドラマー…………………………43
- ホースヘッド………………………45
- ホッキョクグマ……………………17
- ホッパーフード……………………47
- ホワイトコート……………………43

<マ行>
- マナティー…………………………16
- ミナミアフリカオットセイ……18 **35** 56
- ミナミアメリカオットセイ……18 **31**
- ミナミウミカワウソ………………16
- ミナミゾウアザラシ…………11 19 **51**

<ヤ・ラ・ワ行>
- ラグドジャケット…………………43
- ラッコ………………………………16
- ロスアザラシ…………………19 **53**
- ワモンアザラシ………………19 **40** 57

〈参考文献〉

- ●『日本の哺乳類（改訂版）』阿部 永・石井信夫・伊藤徹魯・金子之史・前田喜四雄・三浦慎悟・米田政明（東海大学出版会 2005）
- ●『日本動物大百科2 哺乳類II』伊沢紘生・粕谷俊雄・川道武男（編集）（平凡社 1996）
- ●『動物大百科2 海生哺乳類』マクドナルドD. W.（編集） 大隅清治（監修）（平凡社 1986）
- ●『鰭脚類―アシカ・アザラシの自然史』和田一雄・伊藤徹魯（東京大学出版会 1999）
- ●『Ecology and biology of the Pacific walrus, Odobenus rosmarus divergens illiger』Fay, F. H.（North American Fauna 74 1982）
- ●『Seals of the World』King, J. E.（Cornell University Press 1983）
- ●『Marine Mammals of the World』Jefferson, T. A., M. A. Webber and R. L. Pitman.（Academic Press 2008）
- ●『Elephant Seals:Population Ecology, Behavior, and Physiology』Le Boeuf, B. J. and R. W. Laws (eds.).（University of California Press 1994）
- ●『The Wild Mammals of Japan』Ohdachi, S. D., Y. Ishibashi, M. A. Iwasa and T. Saitoh (eds.).（Shoukadoh Book Sellers 2009）
- ●『Encyclopedia of Marine Mammals (2nd ed.)』Perrin, W. F., B. Würsig and J. G. M. Thewissen (eds.).（Academic Press 2009）
- ●『The Sierra Club Handbook of Seals and Sirenians』Reeves, R. R., B. S. Stewart and S. Leatherwood.（Sierra Club Books 1992）
- ●『Marine Mammals of the World』Rice, D. W.（The Society for Marine Mammalogy 1998）
- ●『The Pinnipeds: Seals, Sea Lions, and Walruses』Riedman, M.（University of California Press 1990）
- ●『Conservation and Management of Marine Mammals』Twiss, J. R. and R. R. Reeves (eds.).（Smithsonian Institution 1999）

荒井一利（あらい かずとし）

1955年東京都生まれ。北海道大学水産学部卒業。博士（海洋科学）。2007年鴨川シーワールド館長就任、2015年より総支配人。2010年～2015年（公社）日本動物園水族館協会副会長、会長を歴任。専門は、海生哺乳類。館長になるまでは、おもに海獣類の飼育を担当。本書のなかにも、著者が育てた個体（裏表紙のトドやキタゾウアザラシなど）が登場している。

田中豊美（たなか とよみ）

1939年三重県生まれ。印刷会社でデザインの仕事をしながら、動物画を学ぶ。1969年以降、動物画を描くことに専念し、現在にいたる。動物生態画の第一人者。『山みち歩けば』(新日本出版社)、『ネコ—みぢかなともだち』『野生動物ウォッチング』(福音館書店)、『日本の野生動物』(新日本出版社)など多数の作品がある。『小学館の図鑑NEO動物』の生態標本画など、図鑑の仕事も多い。

＜取材協力＞	＜写真協力＞
内藤靖彦 （国立極地研究所・総合研究大学院大学） Jim Antrim 甲能直樹（国立科学博物館） 勝俣　浩（鴨川シーワールド） 勝俣悦子（鴨川シーワールド） 中野良昭（鴨川シーワールド）	オアシス 鴨川シーワールド 藤田智明 長谷川政美（復旦大学・総合研究大学院大学） 岩田高志（総合研究大学院大学） 神田啓史（国立極地研究所） 三谷曜子（北海道大学） 隠岐郷土館 大阪市天王寺動物公園事務所 佐野淳之（鳥取大学） Don Siniff（ミネソタ大学） 高橋晃周（国立極地研究所） The Society of Vertebrate Paleontology（米国古脊椎動物学会） Frank Todd 渡辺佑基（国立極地研究所） 荒井玲子
＜地図・図版＞ 山田ちづこ	
装丁・デザイン　DOM DOM 企画・編集　大塚和子	

海獣図鑑

2010年2月　初版第1刷発行
2018年4月　　　第2刷発行

文	荒井一利
画	田中豊美
発 行 者	水谷泰三
発 行 所	株式会社**文溪堂**
	〒112-8635 東京都文京区大塚3-16-12
	TEL 編集：03-5976-1511
	営業：03-5976-1515
	ホームページ：http://www.bunkei.co.jp
印　　刷	凸版印刷株式会社
製　　本	株式会社若林製本工場

ISBN978-4-89423-659-2／NDC489／63P／300mm×213mm

© Kazutoshi Arai, Toyomi Tanaka
2010 Published BUNKEIDO Co., Ltd. Tokyo, Japan.
PRINTED IN JAPAN

落丁本・乱丁本は、送料小社負担でおとりかえいたします。
定価はカバーに表示してあります。

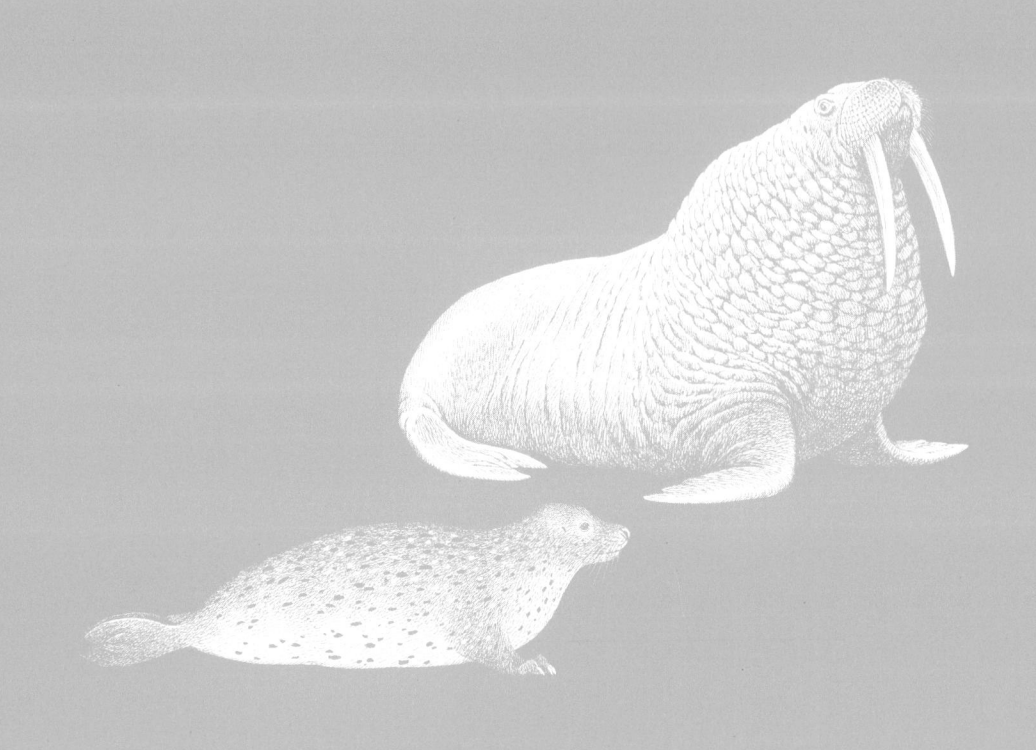